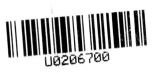

贵州财经大学与商务部国际贸易经济合作研究院联合基金项目“滇黔桂地区山地绿色农产品品牌塑造与反贫困研究”（2015SWBZD20号）；贵州财经大学学术专著资助专项基金

山地绿色农产品品牌塑造与反贫困研究

以滇黔桂地区为例

徐大佑　钟帅◎著

中国社会科学出版社

图书在版编目（CIP）数据

山地绿色农产品品牌塑造与反贫困研究：以滇黔桂地区为例/徐大佑，钟帅著．—北京：中国社会科学出版社，2021.8
ISBN 978－7－5203－8844－3

Ⅰ.①山…　Ⅱ.①徐…　②钟…　Ⅲ.①山地—绿色农业—农产品—研究—云南　②山地—绿色农业—农产品—研究—贵州　③山地—绿色农业—农产品—研究—广西　Ⅳ.①S3

中国版本图书馆 CIP 数据核字(2021)第 157476 号

出 版 人　赵剑英
责任编辑　刘晓红
责任校对　周晓东
责任印制　戴　宽

出　　版　中国社会科学出版社
社　　址　北京鼓楼西大街甲 158 号
邮　　编　100720
网　　址　http：//www.csspw.cn
发 行 部　010－84083685
门 市 部　010－84029450
经　　销　新华书店及其他书店

印　　刷　北京君升印刷有限公司
装　　订　廊坊市广阳区广增装订厂
版　　次　2021 年 8 月第 1 版
印　　次　2021 年 8 月第 1 次印刷

开　　本　710×1000　1/16
印　　张　10.25
插　　页　2
字　　数　143 千字
定　　价　58.00 元

前　言

反贫困是世界各国共同面对的一个重大问题，促进经济发展，消除贫困是全球的共同目标。而中国作为世界上人口最多的发展中国家，如何解决贫困问题一直都是国家经济发展中的一个难题。为了解决农民的贫困问题，中国在20世纪80年代中期就开展了有组织、有计划的扶贫工作。滇黔桂作为我国贫困程度较严重的地区，在金融扶贫、产业扶贫、易地搬迁扶贫等多种方式作用下其贫困人口和贫困发生率都有较大程度的下降，但是，随着扶贫深度的加大与扶贫政策边际效应的递减，滇黔桂地区剩余贫困人口的扶贫难度不断加大。而农产品品牌化发展能有效提高农民的收入，提升农民自身的发展能力，帮助贫困地区实现脱贫。因此，对农产品品牌化发展模式进行研究，对加快我国脱贫攻坚有重要的理论意义和实践意义。

本书围绕通过农产品品牌塑造帮助滇黔桂地区加快脱贫攻坚这一核心问题，利用文献分析法、社会调查法、案例分析法以及结构方程模型等开展研究。首先分析了滇黔桂地区山地绿色农产品品牌塑造和反贫困工作的现状，识别该地区在农产品品牌塑造、反贫困以及农产品品牌反贫困效应等方面存在的问题及原因。其次通过对国内外农产品品牌的反贫困案例进行分析，总结出可以借鉴的经验；并且结合滇黔桂地区农业发展的特点，有针对性地对山地绿色农产品品牌资产模型和品牌塑造模式进行研究。最后在上述研究的基础上提出山地绿色农产品品牌的反贫困模式和山地绿色农产品品牌延伸及反贫困后续发展模式，并从品牌建设与反贫困的联结机制、提高贫困户的自我发展能力、增强品牌竞争力、加强品牌宣传、促进农产品电商发展、建立健全品牌发展政策和保护机制等方面为滇黔桂地区实现品牌扶贫提出了相关的政策建议。

本书对滇黔桂地区加快实现绿色农产品品牌塑造，提高农产品市场竞争力，顺利实现农民脱贫具有参考价值，对相关政府部门进一步推进脱贫攻坚工作具有借鉴意义。

编　者

2020 年 9 月

目　录

第一章

绪 论

第一节 研究背景

反贫困是世界各国共同面对的一个重大问题，促进经济发展，消除贫困是全球共同的目标。全球的贫困率虽然自2000年以来已经下降了一半以上，但是目前生活在国际贫困线以下的人数仍超过7.8亿，数百万人的生活也仅勉强高于这个水平。① 同时，联合国开发署发布的2019年度《全球多维贫困指数》报告显示，全球处于“多维贫困状态”的人数多达13亿人。也就是说，在全球经济不断发展的今天，消除一切形式的贫困仍然是全世界面临的最大挑战，是困扰全球人民的一大难题，需要世界各国共同努力。

中国作为世界上人口最多的发展中国家，经济发展基础薄弱，发展不平衡现象突出，尤其是城乡发展的不平衡使大量农村人口的贫困问题难以解决。因此，如何解决贫困问题一直以来都是国家经济发展中的一个难题。为减缓贫困，中国自20世纪80年代中期就组织开展了有计划的大规模扶贫工作，之后，随着各项扶贫政策和

① 参见联合国官网，http：//www. un. org/zh/sections/issues - depth/poverty/index. html。

措施的落实，贫困人口数量大幅减少。在扶贫工作取得一定成效之后，解决脱贫人口的返贫问题和少数绝对贫困人口的温饱问题成了国家扶贫工作的重点。为此，国家出台了“金融扶贫”“教育扶贫”“医疗优惠”等精准扶贫政策并不断完善，为脱贫攻坚工作提供了良好的政策基础。经过多年的努力，我国脱贫攻坚取得了巨大的进展。党的十九大报告指出，我国在过去5年中已经将贫困发生率降到了4%以下（刘奇、张延明，2018）。这说明我国的脱贫致富工作取得了巨大的成效。但是，随着扶贫深度的加大与扶贫政策边际效应的递减（王介勇等，2016），全国剩余农村贫困人口的脱贫难度不断加大。而实现农村贫困人口全面脱贫这项工作的重中之重就是要提高贫困农民的收入。在促进农民增收的问题上，2020年中央一号文件中也指出要通过发展富民乡村产业、加强绿色食品、有机农业、地理标志农产品认证和管理以及打造地方知名农产品品牌等手段实现农民收入的增加。然而，贫困地区在进行绿色农业发展的过程中存在基础设施落后、规模小、技术人才缺乏、品牌意识薄弱等问题，导致绿色农产品在生产、流通、销售、品牌建设等环节中还存在诸多问题，尤其在销售环节中，农产品滞销、农产品供需失衡等问题突出，在一定程度上限制了农户的脱贫增收进程。

滇黔桂地区属于我国西南民族地区，由于自然、历史、文化、技术等原因，该地区是我国深度贫困地区之一。农业是滇黔桂地区的主要产业，但是该地区的农业经济和技术并不发达，农业基础设施落后，同时该地区所处的地理环境和生态环境复杂，导致其农业发展尤其是山地绿色农产品的开发落后，不能有效帮助农民实现脱贫目标。据各省统计数据显示，2018年年末，贵州省农村贫困人口还有155万人[①]，云南省农村贫困人口还有179万人[②]，广西壮族自

---

① 参见中国新闻网，http：//www. gz. chinanews. com/content/2019/06 - 06/90439. shtml。

② 参见国家统计局云南调查总队官网，http：//www. dczd. yn. gov. cn/fbjd/201909/t20190911_ 890499. html。

治区农村贫困人口还有140万人①，与2017年相比，贫困人口和贫困发生率在三个省份都有所下降，但是实现全面脱贫以及后续防止返贫工作还十分艰巨。在经过金融扶贫、旅游扶贫、电商扶贫等多种手段取得一定反贫困成效后，生存与温饱问题已经不再是扶贫工作的重点，如何解决滇黔桂地区部分农村人口的增收困难、发展能力不足等问题已经成为现阶段反贫困问题的主要内容。因此，在扶贫工作开展过程中，必须要保证能够契合贫困个体的社会与资源条件，必须要创造贫困人口持续性的自我收入提升机制（黄秋萍等，2017）。对于滇黔桂地区来说，可以利用其丰富的山地生物资源和独特的自然环境来发展山地绿色农业。为此，滇黔桂地区可以加快山地绿色农业的发展，积极进行山地绿色农产品品牌的建设工作，提高农产品的价值，帮助实现农民收入的提升。在学术界尚未对山地绿色农产品有明确的定义，本书借鉴赵晓华和岩甾（2014）以及段小力等（2020）对绿色农产品的界定，将山地绿色农产品界定为依托山地地区良好的气候条件，种类丰富的生物资源来生产符合国家安全生产标准，遵循可持续发展原则，经专门机构认定，使用绿色食品标志、安全无污染的农业产品。

要增加农民收入就要实现农产品销售量提升和产品价格增长，所以必须要提高农产品的竞争力（翟虎渠，2003），而现在产品之间的竞争主要集中在品牌之间的较量上。因此在贫困地区要提高对农产品品牌建设工作的认识，立足当地特色农产品资源，发挥农业企业和农民合作的作用，积极建立农产品品牌，促进特色农产品产业化发展（郭永田，2017）。例如，贵州省毕节市正通过加强区域品牌建设来增强土豆产业的发展，实现精准扶贫（李飞、刘久锋，2017）。滇黔桂地区拥有独特的自然资源，特色农产品种类丰富。截至2018年7月，贵州有“三品一标”农产品4160个，其中无公

① 参见广西壮族自治区人民政府门户网站，http：//www. gxzf. gov. cn/sytt/20190410－743047. shtml。

害农产品2640个，绿色产品123个，产品种类覆盖茶叶、粮油等。① 云南省为实现打造世界一流“绿色食品品牌”的目标，提出了走有机化、品牌化、特色化农业发展道路。在绿色农产品品牌建设方面，截至2017年年底，“三品一标”有效用标认证登记产品2061个，其中无公害产品1119个、绿色食品787个。② 广西壮族自治区在推进绿色优质农产品生产，不断提升安全优质品牌农产品的有效供给水平方面也做出了不懈的努力。截至2019年7月底，广西种植业有效期内获得农业农村部“三品一标”产品总数1666个，其中无公害农产品1202个、绿色产品249个。③ 但是从滇黔桂地区农产品品牌发展状况来看，农产品品牌建设还不够成熟，企业、农业经济合作组织、农民等生产主体对农产品品牌的认识还不到位。同时，由于该地区经济和生产技术的落后，其在绿色农产品生产标准和产品标准体系建设、绿色农产品品牌的建设与推广等方面还存在较多不足。

当前我国脱贫攻坚正处于决胜阶段，滇黔桂地区作为我国的深度贫困地区，该地区的精准扶贫和精准脱贫对于我国实现全面小康具有重要的影响。截至目前，滇黔桂地区的扶贫工作虽然已经取得了一些成果，但是脱贫攻坚工作还是存在较大的挑战。滇黔桂地区第一产业占比较大，如何有效解决“三农”问题是反贫困工作的重点，山地绿色农产品品牌塑造是当地少数民族地区经济发展的迫切需要。该地区的新型扶贫模式，特别是通过农产品品牌的塑造来帮助贫困农户的脱贫工作目前还处于实践摸索阶段，缺少理论研究。如何让当地特色农产品更好地销售，从而实现农业增效，帮助农民增收，已成为政府亟待解决的重要问题。

---

① 参见贵州省农业农村厅网站，http：//nynct. guizhou. gov. cn/xwzx/tpyw/201807/t20180725_ 25425418. html。

② 参见中华人民共和国商务部网站，http：//www. mofcom. gov. cn/article/resume/n/201805/20180502740203. shtml。

③ 参见广西壮族自治区人民政府门户网站，http：//www. gxzf. gov. cn/gxyw/20190807 - 760783. shtml。

在学术界，自亚当·斯密在其宏观经济学框架中给出了“贫困人口”生存与发展议题以来，贫困问题作为现代经济学研究的核心内容，始终得到诸多学者的关注，并尝试从不同维度与视角对贫困给出准确的定义。因此，贫困的内涵也经历了由最初强调物质匮乏到后期侧重于能力欠缺，再到发展经济学所秉持的权利贫困的演变（周晔馨、叶静怡，2014），同时也逐渐形成了收入贫困、能力贫困与权利贫困等相互关联又差异显著的概念（张志国等，2016）。国内学者对于贫困问题的研究主要集中在对贫困的分类和减少贫困这两个方面。近年来，扶贫开发的途径、方法和政策建议是学者研究的重点。在这些研究中，可以主要分成以下几个大类：一是对政府、企业和社区等不同主体扶贫模式的开发研究；二是对西部地区、少数民族地区和某个贫困乡村等不同对象的具体扶贫模式的探索；三是对“产业扶贫”“金融扶贫”“旅游扶贫”“消费扶贫”等模式所取得的效果进行研究。而在目前的市场环境中，如何更好地推进消费扶贫，增加贫困地区农产品的竞争优势，让消费者主动积极选择这一类型的农产品还有待进一步研究。

此外，不少学者也对农产品品牌塑造的作用进行了研究，发现农产品品牌的打造有利于提高农业效益，实现农民增收（徐加明，2010）。主要体现在以下三个方面：第一，通过农产品品牌的塑造可以实现农产品销售区域的拓展，帮助农户更好地进行农产品的销售。在品牌打造的过程中，可以使农产品进行规范化生产和科学化管理，提高农产品品质，提高消费者信任度，形成品牌忠诚度，进而增加农产品销售量，扩大市场占有率（徐百万，2017）。第二，通过农产品品牌塑造提升农产品在市场中的竞争力。随着农产品市场的不断发展，原先的价格竞争已经不再适合现在的农产品市场，现阶段实现农产品的差异化是提高市场竞争力的有效途径。而农产品品牌能够直观地向消费者展现产品之间的差异，帮助消费者识别产品，从而让消费者购买到熟悉的、放心的农产品（孙赛英，2004）。同时品牌农产品的品质化和差异化特征能够吸引更多的消费者进行购买，提升销量，最终实现农产品生产者收益的提升（张文超，2017）。第三，农产品品牌打造有利于提升农产品的价值。相对于非品牌农产品，品牌农产品所创造的品牌价值，能够进一步提高农产品的市场价格，稳定农产品的市场价格，帮助农民增收（徐大佑、林燕平，2019）。

尽管实现农产品品牌化发展能够在一定程度上帮助农民实现增收，但是通过阅读现有文献发现，目前对绿色农产品品牌的研究主要集中在市场营销策略、消费者信任、品牌竞争力、品牌权益等方面（王瑛，2019；卿硕，2014；崔丽辉，2011；甘瑁琴、高玲，2010）。此外，从农产品角度出发的扶贫模式来看，现有研究较多都局限在扩大农产品流通渠道范围的角度，希望通过发展电子商务、发展农产品产业链等方式来提高农产品的销量、帮助农民创业和就业，最终实现农民的增收目的（刘兵等，2013；杜永红，2019）。但是对于山地绿色农产品品牌塑造与反贫困联结机制的研究较少。现有文献中仅有少数学者对其进行了研究，例如，王多玉等（2016）提出，为了加强绿色食品的精准扶贫效果，可以通过提高贫困地区农产品品牌建设水平，使农产品品牌拥有良好的形象，提高消费者对其需求；鲁钊阳（2018）研究发现，在进行网上销售时，农产品地理标志能够帮助实现脱贫增收。

现阶段学术界对如何系统地进行山地绿色农产品品牌打造、山地绿色农产品品牌的反贫困模式及其产生的效果等都还没有较为深入研究。此外，滇黔桂地区是贫困和特色“资源诅咒”双重约束下的典型片区，要走出这一困境，必须依赖针对性较强的理论指导，然而现有研究还没有对此类问题进行深入讨论。鉴于此，本书围绕滇黔桂地区山地绿色农产品品牌塑造与反贫困研究这一核心问题，通过深入的调查研究，重点探讨滇黔桂地区农产品品牌塑造和贫困的现状及面临的问题；运用结构方程模型，探索山地绿色农产品品牌资产模型及品牌塑造模式；同时通过对国内外先进案例的分析，探索滇黔桂山地绿色农产品品牌效应下的反贫困模式以及山地绿色农产品品牌延伸及反贫困后续发展的模式等问题，并在此基础上提出相关的意见和建议，为滇黔桂地区农产品品牌发展和反贫困工作提供可参考的模式。

第二节 研究目的和意义

滇黔桂地区作为我国的深度贫困区，虽然扶贫工作在当地取得了一些成效，但是受历史、文化、自然等多种因素的影响，脱贫攻坚工作存在一些“瓶颈”，需要根据当地的实际情况进行调整和突破。滇黔桂地区独特的自然地理环境有利于绿色农产品的生产。而山地绿色农产品品牌塑造是当地经济发展的迫切需要，其目的是实现从农产品增值到农民增收的飞跃。本书以滇黔桂为样本，以品牌塑造与反贫困二者协调发展的机制为核心，从经济、地理、人口三个维度系统讨论该地区山地绿色农产品品牌塑造与反贫困模式。研究目标主要包括三个方面：

第一，探索山地绿色农产品品牌塑造的模式。通过对滇黔桂地区山地绿色农产品品牌打造的现状进行分析，找出目前在品牌打造过程中存在的问题及主要制约因素，并根据研究得出的山地绿色农产品品牌资产模型，提出滇黔桂地区山地绿色农产品品牌塑造模式，为该地区的农产品品牌打造提供相关指导。

第二，提出山地绿色农产品品牌的反贫困模式。根据山地绿色农产品品牌塑造模式及其对反贫困的积极作用，借鉴国内外典型农产品品牌的反贫困模式，提出适合滇黔桂地区的农产品品牌反贫困模式及对策，为滇黔桂地区实现脱贫攻坚提供参考。

第三，通过对滇黔桂山地绿色农产品品牌延伸机理的探讨，进一步研究反贫困后续发展模式问题。通过对农产品品牌后续的地域化、专业化、集约化和个体化发展的研究，带动山地绿色农产品专业化发展、产业化布局，从而巩固和保障反贫困的成果，推动滇黔桂地区农村经济更好更快发展。

本书聚焦于滇黔桂地区山地绿色农产品品牌塑造与反贫困问题的联结机制，从山地绿色农产品品牌塑造视角来探索反贫困模式，主要包含以下几个方面的理论意义：①综合国内外文献资料，基于消费者层面开展对品牌资产的研究，深入研究顾客感知因素（绿色属性和品牌知名度）通过消费者品牌认知（品牌功能和品牌象征）对消费者品牌行为（品牌忠诚）的影响，丰富和完善了山地绿色农产品品牌资产模型研究。②本书结合山地绿色农产品品牌资产模型和滇黔桂地区的资源特色，从产品品质、绿色属性、社会责任和品牌知名度四个方面深入探讨山地绿色农产品品牌塑造模式，丰富和完善了现有的品牌理论。③本书力争通过对山地绿色农产品品牌塑造与反贫困工作联结机制的研究，建立较为全面的农产品品牌效应下的反贫困模式，并且从可持续发展的角度建立山地绿色农产品品牌延伸及反贫困后续发展模式，巩固反贫困成果，防止返贫，为滇黔桂以及我国其他贫困地区的反贫困工作提供理论支撑。

本书以滇黔桂地区农产品品牌打造与扶贫工作为研究重点，通过采用文献分析法、社会调查法、案例分析法和实证方法对目前滇黔桂地区山地绿色农产品品牌塑造与反贫困工作主要的困难和制约因素进行分析，探寻适宜的反贫困模式和路径，清除山地绿色农产品品牌塑造过程中的阻碍因素，使山地绿色农产品品牌发展与反贫困工作更好地结合。主要包含以下几个方面的现实意义：①通过对滇黔桂地区山地绿色农产品品牌与反贫困工作的现状进行调查与分析，发现目前在山地农产品品牌建设与反贫困工作中存在的问题，有助于滇黔桂地区反思农产品品牌建设中产品质量标准、营销推广活动以及反贫困模式等是否存在问题，提高农产品品牌发展质量，提高农民收入。②对于山地绿色农产品品牌资产模型与塑造模式的研究，有助于滇黔桂地区完善和发展农产品品牌建设，实现标准化生产，提升绿色农产品质量，提高农产品品牌影响力，实现农民增收。③对于山地绿色农产品品牌的反贫困模式研究以及山地绿色农产品品牌延伸及反贫困后续发展模式研究，有助于通过推进农产品品牌发展与解决贫困问题相结合，更好地推进西南贫困地区脱贫攻坚工作的开展，实现可持续的反贫困。④通过对国内外先进案例的分析，对目前滇黔桂山地绿色农产品品牌塑造与反贫困工作中存在的问题提出相关的建议，有助于政府制定相关的政策，帮助绿色农产品品牌更好地发展，引导农民进行更好地生产，实现滇黔桂地区绿色农业的可持续发展。

第三节 研究内容

在实现脱贫攻坚的大背景下，如何有效实现西南地区农村贫困人口的反贫困问题是各方关注的重点话题。滇黔桂地区经济发展进程较慢，贫困程度深，生态脆弱，但自然资源丰富，如何实现有针对性的反贫困工作需要政府、企业和学术界共同思考。本书从如何通过农产品品牌塑造来帮助扶贫工作的开展这一核心问题出发，了解滇黔桂地区山地绿色农产品品牌塑造与反贫困现状及问题；积极探索系统地进行山地绿色农产品品牌塑造的方式；最终，通过对国内外优秀案例的分析进行农产品品牌反贫困模式的设计，以期为滇黔桂地区山地绿色农产品品牌塑造与反贫困提供相关的意见和建议。为了解决以上问题，本书主要通过九个章节进行论述：

第一章，绪论。本章主要对滇黔桂地区山地绿色农产品品牌塑造与反贫困研究的背景进行介绍，从理论与实践两方面分析了本书研究的必要性并提出了研究问题，同时进一步明确了本书研究的目的，说明了本书研究的理论与实践意义，之后本章还对本书的研究思路、研究方法进行了介绍，最后提出了本书的创新之处。

第二章，文献综述。本章首先对产业、产业关联理论和经济增长理论进行阐述。其次对有关品牌概述、品牌资产、品牌塑造、区域农产品品牌反贫困研究和品牌延伸相关的国内外文献进行梳理。

最后在此基础上分析现有研究的不足，明确本书的研究对象和本书研究的主要方向，为本书研究的开展做好理论准备。

第三章，滇黔桂地区山地绿色农产品品牌塑造及反贫困现状、问题及原因分析。本章首先对滇黔桂地区山地绿色农产品品牌塑造的现状进行分析，发现在品牌塑造的过程中存在的问题及原因；其次介绍了滇黔桂地区现有的反贫困模式以及反贫困过程中存在的问题及原因；最后对滇黔桂地区山地绿色农产品品牌的反贫困效应进行研究发现其中存在的问题及原因。

第四章，国内外山地绿色农产品品牌塑造与反贫困效应的经验及借鉴。本章主要包含三节。第一节介绍农产品品牌塑造与反贫困效应的国内经验，在该部分主要阐述了天津、内蒙古、江西、贵州、广西、云南等地优秀农产品品牌案例及其反贫困效应；第二节介绍农产品品牌塑造的国际经验；第三节通过对国内外案例的分析，提出了在农产品品牌建设过程中可以借鉴的经验。

第五章，滇黔桂地区山地绿色农产品品牌资产模型研究。该部分依据国内外现有品牌资产模型的研究成果，结合滇黔桂地区山地绿色农产品品牌特征，提出山地绿色农产品品牌资产模型，并以滇黔桂地区代表性山地农产品品牌为测试对象进行实证检验。首先，通过理论回顾和逻辑分析提出研究假设并构建理论模型。其次，对问卷设计（样本调查对象、调查方式等）、问卷主要内容（变量测量等）做出具体介绍。最后，根据收集而来的数据通过相关软件（SPSS、Amos 等）采用层级回归的方法对研究假设进行检验，阐释各检验结果，得出研究结论并对所得出的结论进行讨论。

第六章，山地绿色农产品品牌塑造模式研究。该部分结合已有文献成果和前文对山地绿色农产品品牌资产模型的研究，根据滇黔桂地区地理区位优势构建品牌资产模型，从企业社会责任、绿色属性、产品质量和品牌知名度四个方面进行农产品品牌塑造，使品牌塑造在反贫困行动中发挥最大的成效。

第七章，滇黔桂地区山地绿色农产品品牌效应下的反贫困模式研究。首先，本章通过对山地绿色农产品品牌效应的理论分析探索滇黔桂地区山地绿色农产品品牌效应及影响因素。其次，对滇黔桂山地绿色农产品品牌效应下的反贫困模式进行了分析，阐述了现有品牌对反贫困工作的效果，并提出了构建滇黔桂山地绿色农产品品牌效应下反贫困模式的具体措施。最后，对品牌效应下的反贫困模式进行了评价指标体系的设计。

第八章，滇黔桂地区山地绿色农产品品牌延伸及反贫困模式研究。本章从山地绿色农产品品牌延伸现状展现出来的一些问题，探讨解决上述问题的路径和方法，并针对滇黔桂山地绿色农产品的反贫困模式进行研究，提出了山地绿色农产品品牌延伸实施的策略，最后，结合反贫困问题，对品牌延伸与反贫困模式进行阐述。

第九章，滇黔桂地区山地绿色农产品品牌塑造与反贫困政策建议。本章结合滇黔桂地区山地绿色农产品品牌塑造与反贫困中存在的问题，在总结前人研究的基础上，对滇黔桂地区塑造山地绿色农产品品牌和反贫困工作提出相关的政策建议。

第四节 研究思路与研究方法

本书的研究思路（见图 1 - 1）比较清晰，首先从理论角度分析山地绿色农产品品牌塑造在反贫困工作中的作用和意义；其次对滇黔桂地区山地绿色农产品品牌塑造与反贫困的现状进行调查分析；再次通过对国内外农产品品牌塑造与反贫困的模式及案例分析，对山地绿色农产品品牌资产模型、山地绿色农产品品牌塑造模式、山地绿色农产品品牌的反贫困模式、山地绿色农产品品牌延伸及反贫困后续发展模式等问题进行研究；最后通过以上研究对滇黔桂地区山地绿色农产品品牌塑造与反贫困问题提出相应的意见和建议，助力该地区的扶贫工作。

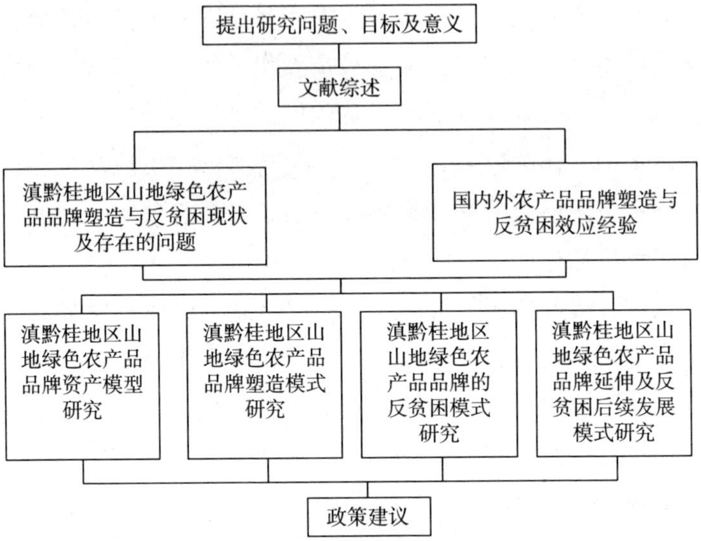

图1-1　本书思路

本书主要运用文献分析法、社会调查法、案例分析法以及结构方程模型等进行研究。

（一）文献分析法

文献研究作为一种传统而普遍适宜的科学研究方法，历来受到学者们的钟爱。研究人员通常在搜集并查阅大量文献的基础上，通过文献梳理与归纳鉴定对研究问题进行科学认识。通常文献研究遵循下列操作步骤：①根据现实背景，结合相关理论提出所需研究的问题，并做出假设；②根据所提出问题及假设对研究进行构思与分析，构建可行的研究思路；③在研究思路清晰的基础之上，通过借用相关文献数据资源（图书馆、实体或网络数据库等）利用相关检索工具对研究问题进行大规模的资料搜集；④在文献检索与查阅的过程中，通过采用阅读笔记等方式，结合研究议题，对文献进行整理与归纳；⑤在文献整理的基础之上，对文献进行撰写综述。在本书研究中，充分利用现有的学术资源，以“农产品品牌”“反贫困”“品牌塑造”作为中英文关键词，利用知网、维普、万方、EBSCO

等数据库进行相关文献检索，并针对文献中涉及本书研究的内容进行整理与归类，根据文献主题以及文献罗列的相关研究，系统地把握当前国内外农产品品牌塑造与反贫困的研究进展。通过收集整理国内外有关山地绿色农产品品牌塑造与反贫困问题的文献资料，对山地绿色农产品的概念、特点以及反贫困问题等进行梳理，同时对有关滇黔桂地区山地绿色农产品品牌塑造与反贫困问题相关的新闻报道、统计资料等进行收集整理，了解研究的相关背景、发展现状、存在的问题及原因等。

（二）社会调查法

社会调查法是通过对研究对象的历史和现实状况进行有目的、有计划的收集、整理和分析，从中发现存在的具体问题，探索相关发展规律。在本次研究中，主要通过实地调查、问卷和访谈等方式收集相关资料，并对数据和调查结果进行分析和整理，对滇黔桂地区山地绿色农产品品牌塑造与反贫困问题进行深入分析，实地了解当地的农产品品牌塑造和反贫困的现状，并进行数据收集，为下一步的研究提供翔实的原始数据和资料。

（三）案例分析法

案例研究广泛地应用于管理领域，相比传统的管理方法来看，案例研究法采用大量实际、经验性的例子，通过对其详细分析进而发现现实问题。在案例研究中，首先进行研究设计，再根据设计的研究方案进行案例的选择，然后在案例研究过程中进行数据的收集和资料的分析，最后进行研究报告的撰写。在本次研究中，主要对天津、内蒙古、江西、贵州、广西、云南等地农产品品牌塑造与反贫困工作相结合的典型案例以及国外（新西兰、日本、美国）农产品品牌塑造案例进行分析，总结其具体做法、存在的问题及可取之处，为滇黔桂地区实现山地绿色农产品品牌打造推动反贫困工作的快速发展提供经验借鉴。

（四）结构方程模型（SEM）

结构方程模型属于多变量统计分析，整合了因素分析与路径分析两种统计方法，同时可检验模型中的显变量、潜变量和误差变量之间的直接关系，采用统计软件工具（如 SPSS、Amos 等）进行假设检验与结论验证分析。本书为了使滇黔桂地区山地绿色农产品品牌打造科学有序进行，能够更有效地促进该地区的反贫困工作，通过构建山地绿色农产品品牌资产模型，利用结构方程模型进行定量研究，揭示出在山地绿色农产品品牌打造过程中的关键要素。

第五节　研究的创新点

当前我国脱贫攻坚任务依然十分严峻，尤其是西南地区农村贫困人口的反贫问题亟须解决。已有文献对反贫困问题的研究较多从产业扶贫、金融扶贫、易地搬迁扶贫等方面展开很少有文献对农产品品牌塑造与反贫困问题的联结机制进行研究。本书以滇黔桂地区山地绿色农产品品牌塑造与反贫困问题的联结机制为研究重点，结合国内外农产品品牌塑造与反贫困相结合的实践经验，借鉴国内外农产品品牌塑造的研究成果，以山地绿色农产品品牌塑造为突破口，探索品牌反贫模式。同时，为了更好地发挥农产品品牌对脱贫攻坚的推动作用，本书通过问卷调查，利用实证研究方法进一步探索山地绿色农产品品牌资产模型，并提出有针对性的山地绿色农产品品牌塑造模式。最后，根据滇黔桂地区资源特色和农产品品牌塑造现状与反贫困现状提出相应的农产品品牌扶贫模式。总体而言，本书在以下几个方面存在创新点：

（1）探索了山地绿色农产品品牌资产模型。学术界目前对绿色农产品品牌资产的研究有限，本书在国内外现有研究的基础上提出了顾客感知因素（绿色属性和品牌知名度）通过消费者品牌认知（品牌功能和品牌象征）对消费者品牌行为（品牌忠诚）的影响，完善了绿色品牌资产的研究。

（2）提出了山地绿色农产品品牌塑造模式。在现有文献中对山地绿色农产品品牌塑造尚未有较为系统的研究。本书从产品质量、绿色属性、社会责任和品牌知名度四个方面系统论述山地绿色农产品品牌塑造模式，为滇黔桂地区山地绿色农产品品牌塑造提供重要的参考依据。

（3）现有研究中对农产品品牌塑造与反贫困问题的联结机制研究较少。本书立足于滇黔桂地区实际，在系统分析该地区山地绿色农产品品牌塑造与反贫困的现状后，深入研究其在山地绿色农产品品牌塑造与反贫困方面存在的问题。此外，本书在深入研究农产品品牌资产模型、农产品品牌塑造模式后，提出了农产品品牌效应下的反贫困模式和农产品品牌延伸与反贫困后续发展模式，为滇黔桂地区实现脱贫致富，巩固脱贫成果提供了一条新思路。

第二章 文献综述

本章为本书的文献综述，主要包括七个部分，分别为相关理论介绍、绿色品牌与山地绿色农产品品牌概述、品牌资产、品牌塑造、反贫困模式及农产品品牌的反贫困效应、品牌延伸与文献评述。

第一节 相关理论基础

一 产业

产业是指在一个经济系统中，有效地运用资金与人力从事经济商品制造和提供服务的各种行业，这种行业专门生产和制造某种产品和服务，如“农业”“工业”和“服务业”等。在全球规模产业中，石油、金融和观光排名前三。

在经济范畴中，通常把产业分为三类至五类，最普遍的分类是将其分为第一、第二、第三产业。除了第一产业和第二产业之外的产业均属于第三产业。其中，第一产业主要涉及原材料的开发，如渔业、林业和畜牧业等。第二产业，一般是对原材料进行加工，比如采矿业和制造业等。第三产业，也称为服务业，泛指提供公共服务和个体商业服务的行业，如银行、餐厅。

二　产业关联理论

产业关联理论以各产业之间的中间投入和生产与相关产业之间的关系作为研究对象，并利用定量的方法来研究产业之间的“质”“量”关系。作为工业相关的科学研究，法国经济学家魁奈在1785年就进行了研究，他在《经济表》中的分析被称为产业关联理论的发展萌芽。而产业关联理论的相关概念在1936年才被美国经济学家里昂惕夫正式提出（Ebiefung & Kostreva，1993），并在此后的《美国的经济结构1919—1929》一文中，系统地阐述了投入产出的基本原理和发展，自此，产业关联理论正式产生。他认为，这一理论延伸了“全部相互依存”这一古典经济理论，同时还研究了复杂经济活动数量中的相互依存关系，统一了经济理论框架内的质量和数量。之后，投入产出理论应用到各个领域之中，例如新技术的选择（Aniekan A. Ebiefung，1993），智能交通系统对密歇根经济的影响（Farooqu et al.，2008），以及西班牙旅游业（Esther & Velazquez，2006）。国内产业关联理论也被应用于建筑业、制造业和服务业等各个领域。李燕辉（2010）对照江西省2002年投入产出表对江西省建筑业进行了分析，余典范和张亚军（2015）使用1987—2010年的中国投入产出表对服务业与制造业的投入产出分析进行了比较，研究发现制造业与服务业之间的相关性总体呈上升趋势。产业关联度量的主要方法是在一定时期内，利用产业联系表对国家或地区的技术和经济联系进行定量分析，从而更好地为政府以及企业进行计划制订、政策研究、经济预测、分析、控制等提供服务。

三　经济增长理论

经济增长理论是指通过假设和研究方法来研究经济增长规律的理论。经济增长理论发展主要经历了三个阶段。第一阶段是古典经济增长理论阶段。亚当·斯密认为，增加工人的数量和进行劳动分工不仅可以实现经济增长，同时也可以提高劳动效率。虽然这一阶段的经济增长理论提出了经济增长的规模动机和拓扑学机制，但是这一阶段的经济增长理论侧重于农业，较少地关注技术进步。第二阶段是新古典主义阶段，也被称为“资本积累理论”阶段。主要是利用资本增长与产出增长之间的关系，建立经济增长理论。单一的储蓄率、平衡有效的增长率使要想实现稳定有效的就业增长变得十分困难。为了解决这个问题，索洛、斯旺和其他人在这个阶段提出使用市场经济机制可以调整资本与劳动在生产中的比例。第三阶段是新增长理论（内生增长理论）阶段，在此阶段，学者根据新增长理论探索了经济增长的机制源头。罗默和卢卡斯等经济学家强调资本是经济增长的核心，并认为人力资本利益、来自资本投资的外部利益以及技术的传播可以有效避免资本积累规模报酬下降，从而成为长期经济增长的来源。随后的经济增长理论相信，企业的研发将促进企业的技术得到进一步提升，使企业能够获得某种垄断利润。但是，只有政府的干预才能促使长期的经济增长，比如制定能够使经济受益的政策等。经过长期的完善和发展，经济增长理论已取得了丰硕的成果，其研究内容和研究层次得到丰富和拓展，更加为国民产出增长问题提供了借鉴。

第二节　品牌概述

品牌作为企业独有的无形资产，对于企业的价值增值起到了关键的作用。品牌能够在人们心中留下一定的概念性印象，能够在消费者的意识之中占据一定的地位。作为一个特定的标识，品牌为消费者提供了产品和服务的识别基础（Weilbacher，1995）。一个成功的品牌不仅为消费者提供了识别产品和服务的基础，还可以满足顾客特定的贴切的需求（Chernatony & McDonald，1998）。

一　绿色品牌

随着环境问题的日益严峻和人类对高品质生活的不断追求，绿色理念备受关注。在商界，许多公司已经认识到绿色营销的重要性，企业也正在努力地开发绿色品牌（Ahmad & Thyagaraj，2015）。

在学术界，作为诞生不久的新概念，绿色品牌也是营销学界研究的热点问题。目前，学术界对绿色品牌的定义分歧较大，对绿色品牌的定义主要有三种：①通过对比绿色品牌与非绿色品牌的差异，从而对绿色品牌下定义。例如，Grant（2008）认为，与非绿色品牌相比，绿色品牌在环境生态保护方面更具有竞争力，更能吸引绿色消费者的注意。②从绿色产品品牌自身的特性来定义。例如，Hartmann 等（2005）认为，绿色品牌是指一系列特定的品牌特性和品牌属性，这些特性与品牌对环境影响的降低以及不同消费者的环保要求有关。Khandelwal 等（2019）认为，绿色品牌是指在不危害环境的情况下，逐步提高人们生活水平的理念。③根据绿色品牌组成内容的定义。夏训峰等（2003）指出，绿色品牌是一个不可分割的整体，由绿色产品的主体、商标和业务名称三部分组成。靳明和周亮亮（2006）指出，绿色农产品品牌是由绿色商标品牌、原产地和产品品牌组成的集体概念，也就是“绿色商标认证标志 + 产品原产地证书 + 商标 = 绿色农产品品牌”。

通过对国内外学者的定义进行归纳、总结，本书认为对绿色品牌的定义过程中一方面要体现出绿色品牌的特性，另一方面又要体现出一般品牌的共性。所谓特性是指与非绿色产品品牌相比绿色产品品牌所特有的属性，如利于环境保护、无毒无害、有益健康等；所谓共性是指可以被消费者识别并感知。据此，本书将绿色品牌定义为具有生态环保、节约资源、安全、健康等绿色特质并且可以被消费者感知到的品牌。

二　山地绿色农产品品牌

（一）山地绿色农产品

山地绿色农产品是指依托山地地区良好的气候条件，种类丰富的生物资源来生产符合国家安全生产标准，遵循环保可持续发展的原则，经过专业机构认证的，具有绿色食品标志、安全无污染的农产品。尽管山地绿色农产品的产量很小，但由于其稀少和与人体的某些健康功能息息相关，价格通常较高，更能增加农户收入。由于山区地形和地势的特殊性，土壤层通常较薄且易受损失，容易造成一系列生态和环境问题，生态环境体现了一系列脆弱性，如对环境波动的高敏感性、低环境容量、弱灾抗性和弱稳定性。因此，在山地绿色农产品的生产过程中，不仅要注意肥料、杀虫剂和激素的使用数量，还要注意生态系统的保护，为生产绿色农产品选择合适的农产品和农业生产方法。

（二）山地绿色农产品品牌

一直以来，品牌作为企业市场竞争的有效手段，在扩大企业生产规模，提高经济效益，占领市场等方面发挥着关键的作用。著名学者余明阳（2003）强调：品牌并不是一开始就产生的，而是在企业营销过程中积累产生的，它是将产品和消费者等利益群体结合起来的纽带。艾·里斯等（2002）开创了定位理论，认为品牌在消费者的脑海中占据着别具一格的地位。Keller（2008）则认为，品牌是企业持久的无形资产。

关于农产品品牌的定义，林冠颖（2019）认为，农产品品牌是一种重要的标志，在辨别生产者、原产地和质量方面具有关键的作用。任同伟和朱美玲（2014）强调，从特色农产品的角度来看，所谓的地方品牌农产品是在地方政府、企业和工业的支持下运营的，主要是当地的特色农产品，由当地农产品生产者共享。农产品品牌有一定的受欢迎程度，可能会对人们的一般认知产生一定的影响。

以上述品牌观点为指导，我们可以延伸出山地绿色农产品品牌的定义，即山地绿色农产品品牌是企业利用农产品所具有的山地特性及绿色食品认证等优势而打造的产品品牌，是农产品独有的产品名称和产品标志，是连接涉农企业和消费者的一种媒介。涉农企业在打造山地绿色农产品品牌的过程中，将山地特征和绿色产品认证等商品信息附加在品牌上传递给消费者，消费者在接收信息后，通过是否选择品牌这一举动向企业反馈市场信息，让企业知道自己的工作做得是否到位、是否需要改进以及如何改进。

第三节　品牌资产

一　品牌资产

“品牌资产”这一概念最先是由美国广告界于20世纪80年代提出的。此后近40年的时间，品牌资产一直在营销领域备受关注。国内外学者从企业和消费者两个方面展开了研究，并且对品牌资产的概念、维度、测量等多角度进行了深入的研究。品牌资产历经了财务视角、市场视角、消费者认知视角和消费者—品牌关系视角不断演进与拓展，取得了诸多成果，同时也为后续的品牌资产研究提供了理论基础。

基于企业的品牌资产模式，主要是从财务和市场两个角度出发，也就是从企业的产品财务指标以及市场产出的角度来反映品牌资产。财务视角认为品牌资产是企业重要的无形资产，这是品牌资产研究过程中最早的一种观点，至今仍有学者从该视角对品牌资产进行研究。刘国华和苏勇（2010）从财务视角出发，通过全球不同营销背景下的品牌资产差异建立了新的品牌资产评估模型。Gelb 和 Gregory（2011）认为，企业资产负债表中应该包含品牌价值这一概念，品牌价值应该成为企业的一项无形资产，或通过品牌价值为企业创造更大收益。Kirk 等（2013）指出，品牌是一项与股价直接相关且高于股票账面价值和盈余的企业无形资产。但是直接将品牌价值体现在财务报表上的做法难以操作，导致人们注重短期利益而忽视品牌长期发展等问题，容易脱离市场对品牌价值的实际影响。于是，部分学者开始从市场视角对品牌资产进行研究。

从品牌投资者的市场生产率实用性的角度来看，Wilkie 和 William（1992）将来自特定品牌的价值上升和实用性增长视为一种品牌投资。Tauber（1988）认为，品牌投资是从品牌在所能到达的市场地位中衍生出来的，是一种超越实物资产价值的附加值。不过，在明确品牌资产的过程中，由于忽视了消费者的作用，导致无法查明品牌资产的真正来源，没有办法将品牌资产充分地反映出来，也就无法为企业的业务活动和品牌管理实践提供有效的指导。

从消费者层面看，品牌资产可以分为消费者认知和消费者与品牌的关系。Keller（1993）最早提出了从消费者品牌认知的角度来理解与品牌资产有关的构念，他认为，品牌资产是由顾客的品牌知识引发的对于品牌营销活动的回应。之后，众多学者在此基础上对品牌资产进行了更深入的研究。Aaker（1996）提出了包括品牌忠诚、感知质量、品牌联想、品牌知名度、市场反应五个维度在内的品牌资产十要素模型。与 Aaker 不同，Yoo 和 Donthhu（2001）发现，品牌资产只包括感知质量、品牌认知和品牌忠诚度三个维度。金立印（2007）通过网站感知质量、品牌体验、品牌吸引力、品牌关系、品牌忠诚度五个变量构建了品牌资产模型，他认为这五个变量构成的品牌资产模型能够更好地反映品牌网站的经济价值。Jara（2018）提出了由包装、感知价格、感知质量、财务效益、决策效益以及商店服务六个变量组成的零售商品牌资产模型，并讨论了六个变量与品牌忠诚度的关系。从认知角度探讨推动品牌资产经济价值的关键因素，对公司品牌管理决策具有非常重要的意义，并成为这一阶段品牌资产研究的主要方向。

随着关系模式的发展，学者在消费者认知的基础上开辟了消费者与品牌关系的视角。Fournier（1994）首次提出了此观点，他认为，在与品牌的持续接触过程中，消费者形成的关系差异也将决定品牌资产的质量，并提出了一个基于消费者与品牌关系的视角来研究品牌投资模式。许正良和古安伟（2011）在客户品牌关系模式的基础上，建立了一个三级的六要素品牌资产模型。Park 和 Kim（2014）指出，强势品牌关系的质量将改善消费者对品牌延伸的判断感知。此外，一些学者从组织层面和顾客层面将品牌资产结合起来。例如，De Oliveira 等（2015）从财务视角和消费者认知视角出发，提出了一种综合品牌资产模型，将两个视角的品牌资产结合起来，比较品牌绩效与竞争对手之间的关系，并估计营销活动的财务回报，以便区分品牌资产各种驱动因素的贡献。Narteh（2018）从顾客认知的角度研究了品牌资产与财务绩效之间的关系。

在现实生活中，公司层面的财务视角和市场视角并没有注意到消费者与品牌资产之间的关系，从而忽略了推动品牌资产经济价值的本质因素。因此，本书基于消费者层面进行有关品牌资产的研究。一方面，营销行为最直接的影响往往来自顾客认知心理的变化。只有消费者能够清晰、明确地识别品牌，那么顾客与品牌的关系才能正式确立，因此，企业要更好地认识和明确顾客的品牌认知心理过程。张峰（2010）认为，顾客与品牌的关系在分析品牌投资的形成机制、引导企业的营销实践方面起到了最基本的作用。另一方面，认知视角的研究从数量和发展成熟度的角度进行都高于消费者与品牌关系的视角。因此，在本书中，我们从消费者品牌认知的角度进行了研究，并且根据 Keller（1993）的研究，认为品牌资产是在顾客对品牌知识的了解程度上所产生的对品牌营销活动的不同反应。

二　绿色品牌资产

学者目前对于有关绿色品牌资产的研究有限，主要是在消费者层面进行研究和讨论。Ng 等（2014）指出，绿色品牌资产是消费者对绿色产品或服务的认知在多大程度上符合消费者在环境上的需求、可持续的期望和绿色需求的评价。张启尧和孙习祥（2015）将绿色品牌资产定义为：企业通过实践绿色可持续发展概念而形成的、满足人们绿色消费和绿色生活方式变革需求、功能需求以及社会需求，是为顾客创造剩余绿色价值的一种竞争优势。Butt 等（2016）对消费者绿色态度在绿色产品品牌资产中的作用进行了研究，并指出企业不仅要将资源投入到环保品牌的塑造上，而且要培养消费者对环保价值的关注和对绿色产品的态度。Khandelwal 等（2019）从绿色品牌形象、绿色品牌满意度、绿色品牌信任度、参考群体、绿色品牌忠诚度、绿色广告六个不同要素及其对消费者态度的影响来衡量绿色品牌资产。

依照前文所述原因，本书从消费者品牌认知视角出发，结合国内外学者对绿色品牌资产的相关研究将绿色品牌资产定义为：消费者受自身绿色意识、绿色知识约束而形成的对绿色品牌营销活动的差异化反映。

第四节　品牌塑造

一　品牌塑造

品牌塑造指的是企业通过塑造一定的企业形象和品牌形象来创造品牌价值，从而培养、影响和满足特定消费需求的市场营销活动。早期品牌塑造主要以产品导向和顾客导向为主，其中较具代表性的是 Gardner 等（1955），他们以产品质量为基础，强调了品牌建设要提高品牌知名度。Rosser Reeves 在 *Reality in Advertising* 中基于 USP 理论，强调每一个广告的设计必须要有独特的、唯一的对产品的介绍，并且能够吸引消费者，在消费者心中树立一个独特的产品品牌特征。到 19 世纪 60 年代，在科技发展的同时，许多替代品、仿冒品也竞相出现，以产品导向为目标的品牌建设已然不能在市场上显露优势，顾客的利益需求也发生了质的变化，不再仅限于追求生理需要，而是转向更高层次的心理需要，品牌塑造由产品导向转向顾客导向。Philip Kotler（1973）发现，最典型的就是树立品牌形象，挖掘品牌内在价值，满足顾客的心理需求，打造特色品牌内涵，满足消费者的潜在需求和真实需求，成为当时品牌建设的主流。20 世纪 90 年代，信息化产业的发展，品牌塑造不再局限于理论阐述，国内外研究学者认为单纯的理论阐述信效度不高，证据不足，于是开始探索新的研究方法。众多学者发现，基于数字化的发展，利用数据再配合数理模型能够弥补理论证明的局限性。此后，品牌塑造模式从单一的理论阐述品牌价值、品牌形象、品牌忠诚度等转向品牌资产模型的实证研究。朱丽叶等（2018）通过实证研究检验了虚拟品牌社区的顾客参与品牌价值共创后对品牌忠诚度的影响及其产生作用的机制，结果表明客户对自愿品牌共创的参与对品牌忠诚度有显著的影响。王长征和崔楠（2011）将品牌的标志性形象划分为个人形象、社交形象、关系形象和集体形象四个维度，研究结果表明象征性的形象对消费者品牌忠诚产生正面影响。

二　绿色品牌塑造

（一）可持续发展

可持续发展概念于20世纪80年代中期由世界自然保护联盟明确提出：可持续发展是一项能够满足当前一代人需求，不会对未来一代人的能力造成伤害的发展事业。可持续发展中涵盖着两个重要的概念：一个是需要，另一个是限制。居于首要地位的是需要，即满足各国人们基本需要。限制是指在满足当前、未来发展需要的技术进步的同时，社会组织对环境保护施加的限制。

可持续发展主要有三个基本的内容——经济、生态、社会可持续发展，以及三大原则——公平性、持续性、共同性原则。首先，公平性原则。公平性原则意味着一个地区的发展在满足当代发展的同时，也不损害未来社会的发展。其次，持续性原则。持续性原则指限制性因素一直存在于人类发展过程的始终，这些限制性因素包括环境资源、人口数量以及科学技术水平等，其中物质基础是最主要的限制性因素。最后，共同性原则。各个国家的可持续发展方式虽然不同，但公平性和持续性是共同的，最终目标也相同。本书以山地绿色农产品为研究对象，其“绿色”特征就代表了生态的可持续发展，在推进品牌农业的发展过程中，促进人与自然的和谐，为我国脱贫攻坚、全面建设小康社会夯实物质基础。

（二）绿色品牌塑造

19世纪中后期，绿色营销就成为学术界的研究重点（Kassarjian，1971；Kinnear et al.，1974）。绿色营销是各个企业始终以保护环境为经营的指导思想，绿色文化作为价值观念，以绿色消费为中心和出发点的营销观念、方式、策略。企业在经营过程中，必须履行自身与消费者及环境利益相结合的原则，才属于绿色营销范畴。新世纪社会环境日新月异，营销界顺应新时代消费需求，绿色营销这种新型消费理念被国内外众多学者重视起来。目前，绿色营销还无法脱离原有的营销理论基础，而是在原来的营销基础上掺杂了消费者环保、安全、健康的意识形态，从而建立起来的新型营销研究方向。企业要在绿色潮流中求得发展，树立绿色品牌形象，进行绿色品牌的塑造是其生存发展的必由之路。绿色品牌形象是企业的一项无形资产，企业若想实现长久经营，就必须拥有绿色品牌形象。关于如何进行绿色品牌塑造，国内外学者主要集中于绿色品牌强化和绿色品牌延伸两方面进行了大量的研究。首先，基于绿色品牌强化方面，主要措施集中在深化绿色品牌内涵，提升企业绿色品牌实力。尤晨和曹庆仁（2003）从品牌形象的体格和个性两个维度对企业绿色品牌塑造提出了一系列具体的措施。Hartmann 等（2005）通过结构方程模型进行实证研究，发现从品牌的功能性属性和情感性属性两个方面进行绿色品牌定位可以强化消费者绿色品牌忠诚度。吴波等（2014）认为，影响消费者绿色产品偏好的消费者因素包括个人与社会因素。其中的个人因素包括道德认同感和自我效能感，社会因素则包括规范信念和印象管理动机。其次，在绿色品牌延伸层面，盛光华等（2019）认为，企业要想取得主导地位，须推出环境友好型产品来吸引绿色消费者，提高绿色市场占有率，从而获得品牌层面的连续型竞争优势。关于绿色品牌延伸，企业可以依托原有的主导品牌进行绿色新产品推广、树立绿色形象，使企业快速占据绿色市场，从而达到企业转型目的。De Angelis 等（2017）认为，消费者积极响应绿色品牌延伸的前提是绿色延伸品牌与母品牌具有高度契合性。总之，绿色产品品牌的塑造不仅提升了企业的品牌内涵价值，而且能够满足消费者“绿色消费”和“品牌消费”的诉求。因此树立绿色品牌形象，强化绿色品牌资产，能够有效地提升企业的市场竞争力。

三 山地绿色农产品品牌塑造

针对我国农产品的产地、品质等特点，在山地绿色农产品品牌塑造中，众多学者为增加农产品的价值，进行了大规模的研究。经过整理总结发现，主要集中于从企业和消费者心理两个方面开展研究。企业层面主要从产品质量、供应链和技术创新三个维度进行农产品品牌塑造。奚国泉和李岳云（2001）提出，要从产品属性出发，寻找农产品的异质性，明确农产品的市场主体地位，进行规模化生产和经营，从而打造农产品品牌。杨明强、鲁德银（2013）以及黄彬、王磬（2019）基于产业价值链视角认为，农产品品牌塑造要对品牌价值进行精准定位，同时加大品牌价值创新和品牌价值传播使农产品品牌资产最大化，进而促进农产品品牌的可持续发展。而从消费者心理角度出发，主要研究为强化消费者对山地绿色农产品的品牌认知和提升其品牌忠诚度。郭锦墉（2006）、赵晓华和岩甾（2014）从品牌认知的角度提出绿色农产品的品牌塑造要提高农户的品牌意识和法制观念、做好农产品绿色发展规划、依法保护农产品品牌、树立农产品品牌形象、扩大品牌影响力。

第五节　区域农产品品牌的反贫困效应

一 区域品牌

梳理相关文献发现，目前国内学者将农产品区域品牌效应的研究重心放在理论研究上，较少学者从实际出发，对实证研究的分析较为零散。陈堃辉（2018）认为，品牌可以通过产业聚集效应、价值共享效应和品牌带动效应来促进企业的发展。林冠颖（2019）通过以江西省农产品区域品牌为研究对象，发现可以通过对贫困户提供培训和互联网技术支持等来扩大农产品供给。肖卉岷和王明友（2012）认为，区域品牌效应包括聚合、扩散和持续三个方面，要将区域产品的成效与相应的区域品牌策略结合起来，以最大限度地发挥品牌的作用，提升区域竞争力，促进区域经济增长。张月花和薛平智（2013）以陕西省农产品为调查对象，发现农产品的产品地理标志可以加强农产品地区品牌生产及管理模式的标准化。整个生产、加工和销售过程都处于统一的监督之下。王秀宏和杨璞（2013）根据消费者的观点调查研究了文化认同所产生的区域性品牌效应，认为文化认同对顾客区域品牌购买意向具有直接或间接的影响。从生产者和消费者的角度来看，董谦（2015）认为，区域品牌的正面效应包括识别、增值、技术进步效应，具有保证质量和安全性的优点，区域品牌的负面效应包括株连效应和搭载效应。

二　反贫困

（一）贫困

贫穷一般指人们经济或精神上的贫穷和倒退，通常是在物质和精神生活两个层面反映的一种综合型社会现象。贫穷是一个简单而复杂的社会现象。经济学中贫困的主要定义是经济、社会和文化倒退的总称。从经济视角看，贫困是个人或家庭生活水平、物质条件不符合社会可接受的最低标准。根据贫穷程度可以将贫困分为绝对贫穷和相对贫穷，也可以根据其范围分为区域贫穷和个体贫穷。

关于贫困现象的原因，存在着不同角度的解释。例如，首先从经济学的角度来说，阿马蒂亚·森（2002）认为，贫困不仅是低收入导致，还是一种基本能力的缺失。另外，贫困也与公民的基本权利、能力有关，例如家庭的养老、教育等支出，对应的就是公民养老权、教育权等基本权利的缺失。其次，还可从社会学的角度来解读，社会学家从结构主义、冲突主义和功能主义三个方面对贫困的原因进行了解释，结构主义认为贫困是权利、财富和其他资源分配不均衡导致，文化贫困是重要原因；冲突主义认为社会中各阶级群体争夺有限资源导致贫困，贫困人口占有的经济、政治和社会资源很少，因而导致贫困；功能主义则认为贫困是社会必不可少的一种状态（钟惟东，2020）。作为人类历史发展的三大难题之一，贫困一直严重地限制了各国的经济发展，因此，为了实现人类社会的可持续发展，各国就必须根据自身国情开展反贫困工程，消除贫困，为实现共产主义而奋斗。

（二）反贫困相关研究

从反贫困（扶贫）过程来看，共有三种表现形式，即减少贫困、缓解贫穷和消除贫穷。减少贫困的重点在于减少贫穷人口的数量，而缓解贫穷的重点在于缓解贫穷的程度。消除贫困则是反贫困的最终目标。本书探讨的反贫困主要指缓解贫困。

真正的反贫困活动不仅要确保贫困户的生存，而且要积极消除使人民陷入贫困的政治、经济、社会根源。在反贫困过程中，中国习惯于用“扶贫”或“脱贫”等来表示反贫困的具体行动过程。我国的反贫困模式主要是国家级或宏观层面的反贫困、中央或区一级的反贫困、微观或县一级的反贫困。

国内学者对反贫困模式进行了深入研究。例如，张元明（2013）基于南疆地区进行反贫困开发模式研究，指出南疆反贫困主要模式为整村推进模式、产业扶贫模式、科技教育模式、以工代赈模式、社会帮扶模式和易地搬迁模式。韩斌（2015）在分析滇黔桂石漠化片区推进精准扶贫过程时，提供了一些思路与相应可选择的路径：生态扶贫绿色发展模式、特困群体的“救济＋帮扶”式发展模式、“企业＋农户”的“种植＋加工＋科技”产业扶贫模式、民族生态旅游扶贫开发模式、生态补偿综合机制扶贫模式、劳动力转移扶贫开发模式。孙小娟（2018）基于对苹果产业推动扶贫工作的现状调查研究，认为特色农产品发展优势产业是脱贫的根本出路，利用技术创新造就产业发展的特色品牌，使扶贫产业持续发展壮大。接家东（2017）总结了我国农村反贫困的成功经验，从农村综合资产建设角度出发，建构反贫困模式。丁佳俊和陈思杭（2019）为贫困问题研究提供新视角，从反贫困与生态环境保护的相互关系角度出发，指出“绿色扶贫”是未来反贫困模式发展趋势。丁心兰（2018）在精准扶贫视角下通过对云南省水利水电工程移民反贫困进行研究，总结出反贫困的主要模式，分别是政府主导下的反贫困模式、市场参与下的反贫困模式和非政府组织的反贫困模式。

三 区域农产品品牌的反贫困效应

目前，我国脱贫攻坚任务仍然艰巨，习近平总书记在党的十九大报告中指出："要确保到2020年我国现行标准下农村贫困人口实现脱贫，贫困县全部摘帽，解决区域性整体贫困，做到脱真贫、真脱贫。"有史以来，贫困问题在很大程度上制约了我国经济社会的发展，缩小收入差距，增加农民的收入，尤其是贫困地区农民的收入成为当前我国打赢脱贫攻坚战的紧要任务（徐大佑、郭亚慧，2018）。要想提高农民收入，就必须提升农产品的核心竞争力，而价格、质量、品牌等内容正是提升农产品竞争力的关键（翟虎渠，2003；赵春明，2009）。品牌是农产品企业制胜竞争对手的独特能力，品牌竞争已成为我国市场竞争的主要方式（江六一等，2016）。

研究表明，品牌建设不仅可以提升企业核心竞争力，对于提高农民收入，脱贫攻坚方面也具有显著效果，例如，鲁钊阳（2018）认为，在农产品的线上销售过程中，农产品的地理标志具有脱贫增收效应；徐大佑和郭亚慧（2018）强调农产品品牌打造可以增加农民收入，带动农民增收。然而，与许多成功的国外农产品品牌相比，我国在农产品品牌建设中明显不足，尤其是贫困地区的农产品品牌建设。因此，打造具备特色的农产品品牌，增加贫困农户收入对于提升脱贫攻坚效果具有重要的作用。

第六节 品牌延伸

品牌延伸是某产品类别的品牌将与原始的产品类别不同的新产品类别推向市场，这是对品牌延伸的首次阐述。从此以后，品牌延伸相关研究逐渐趋于流行。一般来说，品牌延伸采用的原始品牌称为母品牌，并且品牌延伸提供的新产品称为延伸产品。Boush

（1987）开始了对品牌延伸系统的研究，而后，大量学者对品牌延伸采取了不同视角进行研究。

国内品牌延伸理论始于20世纪80年代，由于中国的市场经济发展时间相对较短，相关理论主要从西方引进，直到90年代中期国内才真正地开始介入品牌研究领域。中山大学卢泰宏教授的研究在国内品牌延伸中最为典型，他提出了品牌延伸模型、因子分析法以及框架假设，促进了品牌延伸研究的进一步发展。

目前，对品牌延伸的研究主要集中于品牌延伸策略、风险、条件三个方面。第一，对于品牌延伸战略，一些学者从市场、产品、环境等角度分析了我国企业的品牌延伸战略。第二，品牌延伸风险。张学睦（1998）认为，品牌延伸作为企业开拓市场的重要武器，应与企业的实际情况相结合，不能盲目使用，否则将会进入品牌延伸的误区。第三，从品牌延伸的条件来看，这方面的研究成果相对较少，其中大部分与品牌延伸战略或品牌风险研究有关。施娟（2002）通过讨论产品战略与品牌延伸之间的关系，认为品牌延伸需要产品战略的支持。江智强（2002）认为，品牌延伸的成功需要将市场中有利因素、机遇、可靠的延伸策略、营销策略相结合。

第七节　文献述评

在乡村振兴背景下，农产品品牌建设与反贫困成为近几年农业发展的热点。作为滇黔桂地区农户脱贫的有效途径，农产品品牌研究经历了从早期的理论研究到实证研究阶段。通过对现有文献的梳理发现，目前农产品品牌的研究主要集中于品牌塑造与品牌建设。具体来说，主要涉及农产品品牌定位、品牌知名度、品牌忠诚度以及品牌资产等方面。由于品牌塑造的目标是提高品牌知名度，从而增加企业的品牌资产，因此，品牌资产在农产品品牌塑造中起着关键的作用。各大企业通过强化品牌资产进行品牌知名度、品牌形象的塑造已然成为一种较为有效的品牌塑造模式。目前，品牌资产研究主要从消费者视角和企业产品产出视角两个层面进行研究。基于消费者视角，目前研究主要利用消费者态度信息反映品牌实力或品牌价值，采取有效措施改变消费者对产品的质量感知，提高顾客品牌忠诚度，树立企业的品牌形象，实现品牌塑造（Keller，1993）。基于企业产品产出视角，通过对产品的价值延伸来检验强化品牌资产的必要性以及重要性，为企业进行品牌塑造创造有利条件（侯丽敏、薛求知，2014）。研究证明，强化品牌资产对企业的品牌塑造具有重要的推动作用。基于此，本书结合滇黔桂地区特色资源，构建品牌资产模型，开展农产品品牌塑造研究，提升农产品品牌价值，加强农产品市场竞争力，为反贫困提供理论参考。

然而，通过对已有的品牌资产和品牌塑造文献分析发现，大多数是基于产品属性、企业形象、消费者心理等对农产品发展现状进行分析，继而得出农产品品牌塑造的具体措施，所得数据主要是基于特定企业或少数几家企业，代表性和适用性较差，同时也没有经过严密的实证研究，主要是理论推导和经验总结，可靠性较低。因此，需要通过构建品牌资产模型，运用数理统计方法对假设进行验证。这也逐渐得到学术界的一致认可，基于品牌资产模型开展农产品品牌塑造，是现阶段一个较为严谨的研究方法。因此，我们计划结合滇黔桂地区山地绿色农产品品牌特征，提出山地绿色农产品品牌资产模型，并以滇黔桂地区代表性山地农产品品牌为测试对象进行实证检验。旨在通过这一研究推进滇黔桂地区山地绿色农产品品牌塑造过程，为滇黔桂地区反贫困实践以及农产品品牌管理提供借鉴。

在反贫困领域，学者的研究成果丰硕，研究范围大概可以概括为以下几个方面：首先，对于贫困以及反贫困的定义和内涵，学者做出了界定；其次，深入研究了中国近代的反贫困思想；再次，对改革开放以来中国的反贫困理论的研究展开了讨论，尤其是习近平新时代的反贫困理论；最后，对于中国的贫困问题提供了系统的解决方案，为世界反贫困战役提供了中国智慧。

关于农产品品牌建设和反贫困方面，尽管目前的研究成果颇为丰富，但还是存在以下不足：学者大多分别从农产品品牌和反贫困模式单一角度展开研究，而在农产品品牌的反贫困效应研究领域较少，主要表现在以下方面：对于农产品品牌的反贫困效应现状、农产品品牌的反贫困效应问题、存在问题的原因以及策略研究等少有涉足。伴随着现代“农业4.0”的发展，绿色农产品品牌成为全球农业发展的重要议题。已有研究在农产品品牌的反贫困效应这方面的缺失使得难以对农产品的反贫困研究做出全面阐释，也难以对农产品品牌的反贫困问题做出有效回应。对目前品牌延伸现状研究发现，仍存在许多问题，例如，信息不对称、品牌延伸不通畅，出现滞销或者供不应求现象、稀缺性农产品过度开采，资源稀缺等问题。本书基于滇黔桂地区山地绿色农产品品牌延伸现状的问题，探讨解决路径和解决方案，同时，立足于国内外相关文献提炼山地绿色农产品品牌延伸的模式，为滇黔桂地区的山地绿色农产品品牌延伸以及反贫困模式实证研究提供思路。品牌扶贫模式的扩展可以通过多种途径实现，例如，通过政府或其他组织直接资助贫困人口的基本卫生和教育资助等“输血式”扶贫，也可以利用当地自然资源进行生产、建设和发展的开发式扶贫，以及建立适当的赋权机制，使贫困农户能够在政府或其他组织的支持下，参与扶贫项目的决策、执行、监测和评估过程，从而激发贫困农户的积极性以实现扶贫目标，同时利用社会主体多元化的优势，满足贫困家庭的多样化需求，给予贫困家庭多元化帮助等发展模式进行品牌扶贫。

本书以山地绿色农产品为研究对象，探讨农产品品牌相关问题及其在农户脱贫过程中的作用机制，通过建立农产品品牌资产模型，分析品牌塑造模式、品牌延伸以及反贫困后续发展模式，为滇黔桂地区农产品品牌发展及反贫困研究提出对策和建议，不仅有助于弥补国内相关研究的不足，同时也为脱贫攻坚战役提供指导基础。

第三章

滇黔桂地区山地绿色农产品品牌塑造及反贫困现状、问题及原因分析

自古以来，滇黔桂地区由于独特的少数民族文化而被人们所熟知，亲切的民族同胞、令人沉迷的民族文化成为滇黔桂吸引各地游客的独特力量。事实上，除了极具特色的少数民族文化，山地绿色农产品也是滇黔桂地区的一大亮点。改革开放以来，我国的经济发展取得卓著成效，同时伴随着人口的增长以及高速的经济发展，人们对农产品的需求不断加大。因此，增大绿色农产品供应量，尤其是以滇黔桂少数民族地区为代表的农产品供应量，逐步占领农产品领域的制高点成为我国现代农业发展的主攻方向。丰富的生态特色农产品资源使滇黔桂少数民族地区也成为我国农产品出口的主要地区之一。尽管如此，滇黔桂地区的经济发展还是受到了农产品品牌塑造力不强、农产品品牌效应微弱等诸多因素的影响，当地贫困现象仍然突出。因此，帮助当地农户顺利脱贫成为经济发展的首要任务。

以往的研究发现，农产品在扶贫方面具有一定的积极效应。然而，在滇黔桂的农业发展过程中却存在包括农产品品牌塑造力不强以及品牌效应差等众多问题，在很大程度上减弱了该地区的脱贫效应。鉴于此，本章以滇黔桂地区山地绿色农产品为研究对象，对该

地区的山地绿色农产品品牌塑造以及反贫困效应展开研究，主要包括三个方面的内容：一是滇黔桂地区山地绿色农产品品牌塑造现状、在品牌塑造过程中存在的问题以及产生问题的原因；二是滇黔桂地区的反贫困现状、在反贫困过程中存在的问题以及产生问题的原因；三是滇黔桂地区山地绿色农产品品牌的反贫困效应现状、品牌的反贫困效应问题以及产生问题的原因，为后期探讨山地绿色农产品品牌塑造的反贫困模式提供坚实的基础。

第一节　我国农产品品牌分布现状

一　我国农业概况及山地绿色农产品发展现状

（一）我国农业概况

中国农业起于新石器时代，包含种植业、渔业、林业、畜牧业等多种产业。由于我国人多地少，因此，粮食生产在中国农业中始终占据着主导地位。

首先，种植业。种植业也称狭义农业，主要包括粮食生产、饲料生产以及绿肥生产等，其中粮食生产是主要产业。目前，种植业在我国农业中的比重逐渐减少，已从20世纪50年代的80%以上下降至60%以下，其中，粮食作物的比重下降至77%以下，但由于亩产量的增加，粮食作物的总产量却呈增长趋势，已增至39151.2万吨。①

其次，渔业，也称为水产业。自1953年以来，渔业在农业生产中的比重大幅上升，已增至823.6万吨，其中海水产品约占57.7%，淡水产品约占42.3%②，海水产品大多源于近海捕捞，人

① 资料来源：https：//baike. sogou. com/v3274054. htm？ fromTitle = % E4% B8% AD% E5%9B% BD% E5%86%9C% E4% B8%9A。

② 资料来源：https：//baike. sogou. com/v3274054. htm？ fromTitle = % E4% B8% AD% E5%9B% BD% E5%86%9C% E4% B8%9A。

工养殖和远洋捕捞有待进一步发展。

再次，林业。我国林业占比已从20世纪40年代末期的0.7%增长至5%[①]，但总体上说，林业发展速度仍然缓慢，且发展起伏较大，分布不均，除东北、西南与浙江、福建等地区，其他地区的森林覆盖率有待提高。自70年代末以来，我国不断加强林业建设，森林面积、土壤治理等能力大幅提升。

最后，畜牧业。畜牧业在我国农业中一直占据着较小的比重。随着种植业在农业中的占比减少，畜牧业的比重才逐渐提升，但仍未能满足市场需求，家畜出栏率较低，以猪、牛、羊等家畜为例，1986年其出栏率仅为77.6%、6.1%、31.5%。[②] 随着饲养工业的快速发展，我国家畜、家禽、蜜蜂、桑蚕等饲养业发展水平显著提升，尤其是养蚕业，据统计，我国蚕丝绸产量占世界总量的70%以上。[③]

（二）山地绿色农产品发展现状

在政府高度重视品牌农业建设的背景下，我国山地绿色农产品发展水平大幅提升，人们对于特色农产品的市场需求基本得到满足，然而，在山地绿色农产品的发展过程中，仍然存在一些问题，如产品品牌数量少，影响力较弱；农业园区资金短缺，农业合作社组织缺乏凝聚力；龙头企业少，辐射弱，带头作用不明显；农户对新科技、新知识的接受能力弱等。这些问题极大地阻碍了我国山地绿色农产品的发展进程，针对上述问题，本书提出发展现代山地高效农业的发展建议，带动贫困农户迈上脱贫攻坚奔小康之路。

二　我国现有农产品品牌分布的基本特征

根据中国农业品牌研究中心公布的2017年中国农产品区域价值排行榜，我国农产品品牌主要分布在山东省、浙江省、陕西省和福

① 资料来源：https：//baike. sogou. com/v3274054. htm? fromTitle = % E4% B8% AD% E5% 9B% BD% E5% 86% 9C% E4% B8% 9A。

② 资料来源：https：//baike. sogou. com/v3274054. htm? fromTitle = % E4% B8% AD% E5% 9B% BD% E5% 86% 9C% E4% B8% 9A。

③ 资料来源：http：//www. 20087. com/2/26/CanYangZhiHangYeXianZhuangYuFaZh. html。

建省等品牌建设大省，其中，山东省共有 18 个农产品品牌进入前 100 强，浙江省共有 13 个农产品品牌进入前 100 强，陕西省和福建省的前百强农产品品牌数量均为 8 个，农产品区域品牌价值分别为 1145.93 亿元、771.59 亿元、374.50 亿元和347.67 亿元，如表3 -1 所示。

表 3 -1　　2017 年中国农产品区域品牌价值排名

排名	省份	前百强农产品品牌数量（个）	农产品区域品牌价值（亿元）
1	山东省	18	1145.93
2	浙江省	13	771.59
3	陕西省	8	374.50
4	福建省	8	347.67

资料来源：根据中国农业品牌研究中心数据整理所得。

表3 -1 显示了我国农产品品牌分布的地域特征，其主要分布在山东、浙江、陕西等地区。其中，山东省上榜的农产品品牌包括烟台苹果、威海刺参、金乡大蒜等；浙江省上榜的农产品品牌有西湖龙井、庆元香菇以及大佛龙井等；陕西省上榜的农产品品牌包括洛川苹果、眉县猕猴桃以及蒲城酥梨等；福建省上榜的农产品品牌包括连城红心地瓜干、福鼎白茶、永春芦柑等。

第二节　滇黔桂地区山地绿色农产品品牌塑造现状、问题及原因分析

一　滇黔桂地区山地绿色农产品品牌塑造现状

通过对三省（区）山地绿色农产品品牌塑造现状的分析可知，三省（区）的品牌发展现状各有不同，但总的来说，滇黔桂地区的

山地绿色农产品品牌塑造现状存在一些共性，主要包括以下三点：

（一）山地农产品品牌数量和种类不断增多

得天独厚的山地优势为滇黔桂地区发展农业提供了独特的优势，农产品出口更是为三省（区）的农业收益做出了巨大贡献，以茶叶或水果为例，2018 年云南省的茶叶产量为 42.33 万吨，约占全国茶叶产量的 16%；贵州省的茶叶产量为 18.03 万吨，约占全国茶叶产量的 7%；广西壮族自治区的水果产量为 2116.56 万吨，约占全国水果产量的 8%。①

为了增强当地民族产品特色，近年来，各地政府越来越重视山地绿色农产品品牌建设，企业的农产品品牌意识不断加强，品牌建设工作取得了显著的成效，政府大力提倡品牌评选活动，企业积极申请品牌专利，进行质量认证等，产品种类和数量不断增多。截至 2019 年，云南省获得“三品一标”认证的农产品累计 4645 个；② 截至 2018 年，贵州省“三品一标”农产品累计 6771 个，无公害农产品 2640 个；③ 截至 2019 年，广西壮族自治区种植业获得“三品一标”认证产品累计达到 1666 个。④

除了品牌数量持续增长外，知名品牌也在逐年增多。在众多的云南省茶叶品牌中，其中具有代表性的茶叶品牌就有大益茶叶集团、八角亭茶叶集团以及中茶集团等；贵州省著名的蜂蜜品牌包括道谷农业公司和永惠蜂业公司等；以广西壮族自治区的瓜果为例，代表性的品牌包括皓野食品有限公司、武鸣丰峰农业公司和宇宙农业集团等。据各省（区）农业农村厅的统计，云南省和广西壮族自治区“三品一标”有效认证企业分别增至 904 家和 953 家，贵州省

---

① 资料来源：国家统计局，http://data.stats.gov.cn/easyquery.htm? cn = E0103。

② 资料来源：人民网——云南频道，http://yn.people.com.cn/n2/2019/0719/c378439 - 33159181.html。

③ 资料来源：贵州省农业农村厅，http://nynct.guizhou.gov.cn/xwzx/tzgg/201901/t20190129_25710348.html。

④ 资料来源：广西壮族自治区人民政府网站，http://www.gxzf.gov.cn/gxyw/20190807 - 760783.shtml。

绿色食品企业增至71家。

（二）山地绿色农产品品牌传播手段多样，品牌资产增加

未来的不确定性和环境的多变性使企业之间的竞争越来越激烈，为了在激烈的竞争中保持核心竞争力，企业必须向品牌化发展转变。因此，加强企业的品牌建设就成为企业战略的重要组成部分，而品牌推广和传播正是加强品牌建设的主要手段之一。

目前，滇黔桂三省（区）实行"抱团"发展，共同构建文化旅游一体化的生态走廊，山地绿色农产品作为民族地区的典型代表，必然要重点打造。在政府的大力支持下，三省（区）在保持当地农业产业基本结构不变的同时，积极举办品牌评选活动和品牌认证活动。此外，滇黔桂地区还结合自身独特的少数民族文化，大力举办云南普洱茶博览会、中国贵州国际茶文化节以及广西香芋文化节等文化旅游节和博览会，充分利用节日和展会等机会重点推出特色农产品，提升产品品牌资产①，推动中国山地绿色农产品走向国际市场。

（三）品牌知名度不断提升

自20世纪90年代后期，国家开始重视农产品品牌建设，为农业品牌建设下发了若干重要的指导方针。随着现代农业的发展，农产品品牌建设过程也出现了诸多问题，针对农产品品牌少、标准化程度低等问题，国家精准发力，通过健全奖补体系、设立农产品发展资金、弥补品牌建设"短板"等措施，为山地绿色农产品品牌建设夯实了基础，扩大了农产品的知名度，山地绿色农产品的经济价值逐渐显现。2019年云南省出口农产品331.2亿元，增长29%，首次超过300亿元；② 2019年贵州省农产品实现大幅增长，总出口值

① 本书根据Keller（1993）的研究，将品牌资产定义为消费者受自身品牌知识约束而形成的对品牌营销活动的差异反映。

② 资料来源：中华人民共和国商务部，http：//www. mofcom. gov. cn/article/resume/dybg/202001/20200102931796. shtml。

45.46 亿元，同比增长 13.9%；[①] 2019 年广西壮族自治区农产品电商销售额超 100 亿元[②]，有效助力乡村振兴，带动当地农民增收。

二 滇黔桂地区山地绿色农产品品牌塑造问题及原因分析

（一）山地绿色农产品品牌定位不清晰，品牌建设意识薄弱

目前，滇黔桂地区山地绿色农产品的品牌数量、品牌种类逐渐增多，但与其他领先的农产品企业相比，仍然存在较大差距，主要是由于大多数农产品经营者过度关注产品销量和交易额，对于品牌建设，尤其是品牌定位方面极少涉及。黄彬和王磬（2019）发现，当前国内市场上的大部分农产品企业对于自己的产品并没有很明确的品牌定位，因此，无法着手进行农产品的品牌塑造。目前，滇黔桂地区的绿色农产品基本上是以产地优势而非品牌优势打入市场，这主要是因为过去人们在购买农产品时更多地关注品种以及地域，如此一来，供应商在产品销售过程中会无意识地忽略品牌建设。郑琼娥等（2018）发现，大多农户或农业合作社种植农产品的主要目的是获得经济利润，忽视了农产品品牌建设和发展。此外，很多农产品供应商对于自己售卖的产品特性了解得少之又少。通过对贵州都匀的实地调研，田俊华（2012）发现，大约 70% 的香菇供应商并不了解香菇的功能特性和优势，更不用说产品的品牌建设。近年来，买方市场的扩大使消费者在产品购买过程中更多地关注那些定位明确的品牌，人们都希望能够在数量庞大的市场中挑选出适合自己的产品，因此，品牌定位清晰、品牌建设成功的产品更能引起消费者的注意。

（二）山地绿色农产品品牌形象差，品牌资产低

一个塑造成功的品牌实质上就是一种经济效益。由于规模和条件的限制，目前滇黔桂地区的大部分山地农产品供应商只能进行分

---

① 资料来源：中国商务新闻网，http：//cy.comnews.cn/article/zx/202001/20200100032648.shtml。

② 资料来源：中国产业经济信息网，http：//www.cinic.org.cn/xy/gdcj/651446.html。

散经营，无法打造真正属于自己的品牌，市场上只存在少数得到有效认证的农产品知名品牌，品牌产品的供不应求导致市场存在巨大的需求缺口，这就吸引了某些不法销售者。为了获得更大的利益，这些不法商家往往会采取“拿来主义”，冒用知名品牌，导致消费者无法辨识知名品牌与假冒品牌，最终影响企业的品牌形象。同时，防伪标志的缺乏以及包装的不规范等也会导致销售者假冒品牌，降低了消费者对品牌的信任度，进一步损害企业的品牌资产。

（三）山地绿色农产品品牌传播渠道缺乏创新

数字经济时代下，传统的发展方式逐渐被自动化和智能化设备所代替，实现传统农业的数字化升级无疑成为当前我国农业发展的首要任务。然而，滇黔桂地区在利用互联网技术进行产品销售这一方面缺乏经验，对于知名度较高的农产品，网络交易所带来的经济收益远大于线下交易，但以个体散户为主的农产品经营仍以传统营销为主，营销手段过于单一，产品的销售区域有限，这在很大程度上减少了销售商的产品收益。在物联网时代，无论从事哪种行业，都应该充分利用新兴技术，对于农产品营销领域更是如此，技术支持能够大幅提高农产品销售效率，缺乏技术支持，就会阻碍山地绿色农产品的高速发展，销售者应该积极利用大数据等新兴技术获取更准确的市场信息，实现真正的精准营销。

（四）山地绿色农产品品牌保护意识薄弱

清晰明确的品牌战略是绿色农产品在纷纭复杂的市场中保持核心竞争力的关键，也是企业进行品牌塑造的重要方式。由于条件的限制，滇黔桂地区的农产品品牌保护意识较为薄弱，生产销售山地农产品的商家主要以个体散户为主，商家更多关注的是产品的销量以及收益，而对于如何更好地经营管理自己的品牌这一方面缺乏专业知识。郭亚慧和徐大佑（2018）认为，由于绿色农产品的产品同质性较强，产品替代性较高，多数商家在建立起自己的品牌后，并未想到要很好地维护自己的品牌，加上政府的政策支持有限，国家提供的只是基础的补贴，久而久之，品牌意识薄弱的商家在这场竞争中逐渐被消费者遗忘，最后被淘汰掉。

第三节 滇黔桂地区反贫困现状、问题及原因分析

一 滇黔桂地区贫困现状研究

（一）贫困人口多，贫困程度深

农业生产力不足等原因在很大程度上阻碍了滇黔桂地区的经济发展。滇黔桂地区贫困人口数量众多，贫困人口分布区域广，贫困程度深等原因造成了该地区的贫困人口处于极端贫困状态。

由于滇黔桂地区社会发展缓慢，市场经济结构单一，农村贫困人口大多以种植业为主，除勉强能维持基本生活需要的家庭生产收入之外，该地区的大多农村贫困人口并无其他经济收入来源。以乡村民营企业就业人数为例，2018 年云南省乡村民营企业就业人数仅为全国乡村民营企业就业人数的 2.2%，贵州省乡村民营企业就业人数约为全国乡村民营企业就业人数的 3.6%；广西壮族自治区乡村民营企业就业人数约占全国乡村民营企业就业人数的 2.7%，除贵州省以外，其余两地的乡村民营企业就业人数均低于全国平均水平。①

（二）农村居民收入普遍偏低

根据生产总值指标，表 3－2 列示了 2018 年滇黔桂地区生产总值与农村居民可支配收入情况。如表 3－2 所示，三地的地区生产总值分别为 17881.2 亿元、14806.45 亿元和 20352.51 亿元，远远低于国内生产总值平均水平。其次，三省（区）的人均生产总值与全国人均生产总值差距较大。此外，贵州省和广西壮族自治区的农村居民人均可支配收入水平大体相当，而云南省的收入指标显示该地

① 资料来源：国家统计局，http://data.stats.gov.cn/easyquery.htm?cn=E0103。

区的人均可支配收入水平远低于两地。

表 3－2　2018 年滇黔桂地区生产总值与农村居民可支配收入

地区	GDP（亿元）	人均 GDP（元/人）	农村居民人均可支配收入（元/人）
云南省	17881.2	37136	10768
贵州省	14806.45	41244	13314
广西壮族自治区	20352.51	41489	13676
全国	919281.1	66006	14617.03

资料来源：根据国家统计局、云南省统计局、贵州省统计局和广西壮族自治区统计局数据整理所得。

（三）少数民族地区贫困问题突出

位于我国西南边境的滇黔桂地区一直属于少数民族聚居地，该地区汇集了壮族、汉族、瑶族、苗族等多个民族。根据 2010 年第六次全国人口普查数据，云南省少数民族人口、贵州省少数民族人口、广西壮族自治区少数民族人口占全省总人口的比例分别为 33.4%、35.7%、37.94%。少数民族地区的贫困人口人均文化水平较低，缺乏发展观念，尤其是深度贫困地区，贫困问题异常突出。以云南省怒江州为例，怒江州作为全国“三区三州”的深度贫困地区之一，在政府和社会的帮助下，全州农村居民人均纯收入从 2011 年的 2362 元上升到 2016 年的 5299 元，尽管如此，该州农民人均纯收入仍远远低于全国农民人均纯收入。①

二　滇黔桂地区反贫困现状研究

（一）扶贫方式

扶贫方式在很大程度上决定了反贫困绩效。目前，滇黔桂地区根据建档立卡的贫困人口的实际情况，准确分析贫困原因，充分利用多种扶贫方式，精准发力。三省（区）对于贫困人口的精准扶贫

① 资料来源：《2011 年云南统计年鉴》《2016 年云南统计年鉴》。

方式主要包括金融扶贫、产业扶贫和易地扶贫搬迁三类。

第一，金融扶贫。作为脱贫攻坚的主力军，滇黔桂地区的金融机构不断探索新兴扶贫模式，对准贫困地区发力，为山地区域输送源源不断的金融活力。

多年来，中国农业银行云南省分行通过加大对“直过民族”的金融扶贫力度，为农户发展橡胶、茶叶和小香猪等种养殖产业提供金融服务，实现“造血”式脱贫。

贵州省利用贫困户互助基金、小额到户贷款贴息、项目贷款贴息和扶贫金融合作等方式助力脱贫攻坚工作稳步进行。以沿河自治县为例，作为深度贫困县，沿河县政府以村集体利益和贫困户脱贫的结合为主要目标，积极推行了“精扶贷 533”机制①，通过企业带动、贫困户参与的方式，既促进了企业和合作社的发展，又实现了贫困户的自身增产。

广西灵山县农村信用合作社以“三农”和中小微企业为切入点，在对全县贫困户进行评级授信发放扶贫小额贷款的同时，利用电商平台帮助农户线上销售农产品。据云南省扶贫办的统计，截至 2019 年 3 月，灵山县农村信用合作社帮助农户销售的农产品金额达到 210 万元。

第二，产业扶贫。滇黔桂地区充分利用自身丰富的地势资源和文化旅游资源，在大力弘扬民族文化的同时，又增加了当地民众的收入。以鹤庆县为例，该县的产业扶贫绩效在刺绣产业方面表现得更为显著。鹤庆县积极传承和发扬民间手工刺绣技艺，带动当地剩余劳动力学习传统刺绣，既发扬了传统文化，又增加了当地民众收入。

除了大力发展鹤庆县的刺绣产业，云南省昌宁县的长山村民众也在政府的支持下，积极打造“小虫”产业——蚕桑产业，将蚕桑

① “精扶贷 533”机制：贫困农户贷款 5 万元、由企业或合作社发放给贫困农户的分红 300 元以及贫困户所在村分红 300 元。

产业培养为当地群众发家致富的有力抓手。长山村贫困户仅用 4 年的时间就实现蚕桑产值 118.15 万元，贫困户均收入 1 万元以上，成为全县蚕农收入“第一村”。

自 2017 年以来，在贵州省政府的大力支持下，各地充分利用开发式扶贫模式对省内贫困地区以及贫困群众进行产业化扶贫，核桃、中药材、生态畜牧业等扶贫产业实现新突破。

广西壮族自治区政府支持当地大力发展“订单农业”，带动贫困户发展成为农业的扶贫新型经营主体，促进全区香蜜、柑果和甘蔗等优质水果产业茁壮成长。

第三，易地扶贫搬迁。在滇黔桂地区，存在一片石漠化现象严重的区域，该地区环境抗灾能力极其薄弱，资源十分匮乏，金融扶贫与产业扶贫对于当地脱贫如同杯水车薪，因此，易地扶贫搬迁就成为当地民众摆脱贫困的有效途径。

2019 年，云南省政府多措并举，坚持物质扶贫与思想扶贫结合，在出台易地扶贫搬迁安置点“以奖代补”政策的基础上，修建了 65 万建档立卡贫困户的安置房；另外，由于贫困地区民众传统思想较强，缺乏自我发展意识，当地政府积极向民众宣传易地扶贫搬迁政策，激发群众的自立自强意识，让群众从“不敢搬”转变为“主动搬”，确保全省易地扶贫搬迁工作有序进行。

在云南省易地扶贫搬迁工作稳步进行的同时，贵州也在积极完成易地扶贫搬迁任务。国务院扶贫办的负责同志曾经说过：“贵州是全国搬迁规模最大、搬迁任务最重的省。”2016 年，贵州面临着 188 万人的易地扶贫搬迁工作，这对当时经济总量刚刚突破万亿的贵州来说，无疑是一个巨大的挑战。但在经历了无数昼夜的奋斗后，贵州完成了 188 万人的易地扶贫搬迁任务，创造了中国反贫困历史中史无前例的奇迹，为绝对贫困地区的搬迁群众开启了崭新的人生。

与贵州省一样，位于云贵高原东南边缘的广西壮族自治区也是我国脱贫攻坚的主战场，在某些极度贫困地区，农户生活条件极其恶劣，要想让这些贫困民众彻底摆脱贫困，只能依靠易地扶贫搬迁。除了修建易地扶贫搬迁安置房外，广西壮族自治区还坚持安居与乐业并举，因地制宜实行“一户一策”，为搬迁群众提供就业培训与创业支持，为群众解决生活发展的后顾之忧。

（二）反贫困绩效

第一，贫困地区经济总量不断增长。云南省宁蒗彝族自治县、贵州省沿河土家族自治县和广西壮族自治区都安瑶族自治县作为滇黔桂少数民族深度贫困县，近年来 GDP 总量均逐年上升，如图 3 -1 所示。自 2014 年以来，三县的经济发展状况均有好转，其中沿河县的经济增长显著，说明贵州省地区生产总值总体上增长较快，三省（区）的基础设施、交通运输和就业与社会保障条件也得到大幅改善。

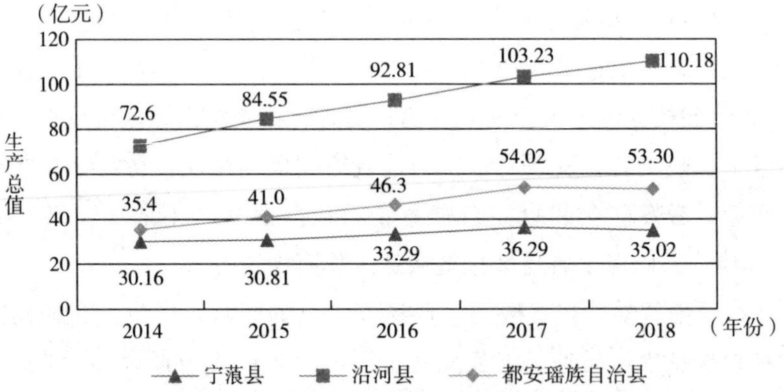

图 3 -1　2014—2018 年三县 GDP 增长趋势

资料来源：根据《云南统计年鉴》《贵州统计年鉴》《广西统计年鉴》整理所得。

第二，减贫人数不断增加。三省（区）政府根据各地资源优势，因地制宜，利用金融扶贫、产业扶贫和易地扶贫搬迁等方式带领贫困地区民众摆脱贫困，减贫人数逐年增加，如图 3 -2 所示。据各省（区）扶贫办公布的数据，近 5 年三地的每年减贫人数约保持在100万人以上。2019年年底，云南省建档立卡贫困人口数量减少136.8万人，33个贫困县成功“摘帽”，贫困率降至1.32%；2019年贵州省大幅调整产业扶贫结构，提前完成“组组通”硬化路，农村贫困人口数量减少124.45万人，24个贫困县“摘帽”，贫困率降至0.85%，减贫人数位列全国第一；广西壮族自治区农村贫困人口数量减少125万人，21个贫困县成功“摘帽”，贫困率降至1%以下。

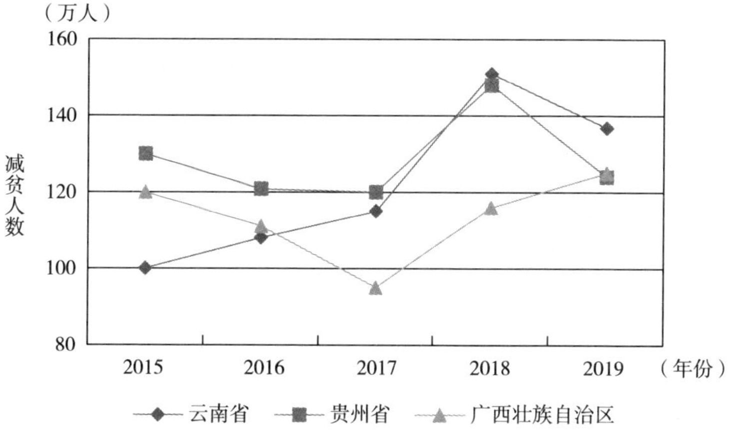

图3－2　滇黔桂三省（区）减贫人数比较

资料来源：根据云南省、贵州省和广西壮族自治区扶贫开发办公室数据整理所得。

三　滇黔桂地区反贫困问题及原因分析

（一）持续发展能力与脱贫需求矛盾突出

帮助贫困户迅速脱贫是2020年我国脱贫攻坚的主要目标。然而，在实施扶贫工程时却存在这样一个矛盾：国家的脱贫需求与民众的持续发展能力相冲突。也就是说，在国家的帮助下，贫困户能够实现脱贫，但是，其自身的发展能力并不能得到快速的提升。由于文化水平低，文盲率高，一些贫困民众由于缺乏劳作资源或创业资源，不能实现经济的持续发展。如此一来，国家的脱贫需求与民众的持续发展能力之间就产生了冲突。

（二）民族地区集中连片贫困现象严重，减贫难度大

由于民众的文化水平较低，识字率不高，滇黔桂少数民族地区更多地表现为集中连片型贫困而非局部地区贫困。

在生存环境方面，滇黔桂贫困地区群众生存环境极其落后，在贵州省纳雍县锅圈岩苗族彝族乡，多数贫困民众的住房矮小简陋，甚至还存在人畜混住的现象，人们的日常生活用水主要来自田沟、山沟或小水窖，日常照明灯以煤油灯为主，截至目前，全乡仍有22个村民组不通公路。

收入方面，除了年轻子女进城务工，滇黔桂地区的民众收入来源仍然以务农和养殖为主，然而，生存环境恶劣，土地资源匮乏，自然灾害多发等极大地限制了农户种养殖的产出水平和复种指数，农民收入普遍偏低。

（三）贫困地区基础设施极其落后，民众缺乏自我发展意识

滇黔桂多数深度贫困地区地势险峻，海拔高，国家对当地道路、通信等方面投入十分有限。滇黔桂地区大约2/3的少数民族群众居住在边境山区且范围分散，国家在修建道路、完善电力通信等基础设施方面成本极高。2013年以前，云南省德宏州境内仍未建设一条铁路；截至2015年，贵州省的德江县、沿河县等多个贫困县未开通高速公路，沿河县特困地区瑶族人民的出行多是依靠山间小路，重物只能靠肩挑马驮；多年以前，广西边境地区在政府的支持下修建了沿边（境）公路，但由于年久失修，加上货物运输需求增加，全区的多数沿边（境）公路已远远不能满足现代经济发展的需要。

由于道路、通信等基础设施的限制，除了外出的务工人员，边境贫困地区群众难以与外界接触，这就导致当地民众不仅物质资源匮乏，精神资源同样也匮乏，安贫守旧、自我保护等意识在人们心里生根发芽，国家补贴也自然而然地成为人们赖以生存的主要手段。长期的封闭或半封闭状态使人们本能地拒绝竞争和自我发展等一系列社会活动，人们不敢主动接触变化了的环境，不敢轻易接受

变革，使政府的反贫困项目实施困难重重。

第四节　滇黔桂地区山地绿色农产品品牌的反贫困效应现状、问题及原因分析

缩小收入差距，增加农户的收入，尤其是贫困地区农民的收入成为当前我国打赢脱贫攻坚战的紧要任务（徐大佑、郭亚慧，2018）。要想提高农民收入，就必须提升农产品的核心竞争力，而价格、质量、品牌等内容正是提升农产品竞争力的关键（翟虎渠，2003；赵春明，2009）。品牌是农产品企业制胜竞争对手的独特手段，品牌竞争已成为我国市场竞争的主要方式（江六一等，2016）。

研究表明，品牌建设不仅可以提升企业核心竞争力，对提高农民收入，脱贫攻坚方面也具有显著效果，例如，鲁钊阳（2018）认为，在农产品的线上销售过程中，农产品的地理标志具有脱贫增收效应；徐大佑和郭亚慧（2018）强调，农产品品牌打造可以增加农民收入，带动农民增收。然而，与许多成功的国外农产品品牌相比，我国在农产品品牌建设中存在明显不足，尤其是贫困地区的农产品品牌建设。因此，打造具有特色的农产品品牌，增加贫困农户收入对于提升脱贫攻坚效果具有重要的作用。

一　滇黔桂地区山地绿色农产品品牌的反贫困效应现状研究

（一）云南省山地绿色农产品品牌的反贫困效应现状

为推动滇黔桂贫困地区特色农产品出山，云南省因地制宜，在保障贫困地区生产资料正常供应的同时，持续加大农产品品牌的扶贫力度。通过与龙头企业签署助力脱贫攻坚协议，政府利用领先涉农企业的资源，扩大了当地特色农产品的销售渠道，从而扩大茶籽油、橄榄原汁等农产品的销售市场。2019 年，由云南省临沧市选送的山地黑肉鸡、金丝凤梨、坚果等 7 个农产品品牌入选上海市对口

帮扶地区“百县百品”名录，既满足上海所需，又进一步巩固了临沧市脱贫攻坚效果。

（二）贵州省山地绿色农产品品牌的反贫困效应现状

近年来，在物联网、大数据等新兴技术的驱动下，电商扶贫，尤其是农产品电商扶贫逐渐成为贵州省的主要扶贫模式之一。贵州省紧密结合大数据技术与产业扶贫，利用大数据技术对产业结构进行优化升级、精准营销，让贵州山地绿色农产品品牌实现“泉涌”，助力贫困地区农户走上致富之路。为活跃年货市场，2019 年贵州省余庆县举办“发展电子商务，繁荣地方经济”的电商年货节，其中，龙家苕粉、沙堆香菇、七彩仙峰湾丘田腊肉等农产品品牌最受消费者欢迎。据多彩贵州网公布的数据，2019 年贵州省蔬菜产业产值 642. 2 亿元，同比增长 20. 11%，带动 49. 4 万贫困人口增收，其中，安顺市的韭黄、山药和惠水县的佛手瓜等知名农产品品牌对交易额的贡献更是功高不赏。

目前，贵州省知名的山地绿色农产品品牌不仅在国内市场打开了销售渠道，在境外市场同样获得了较大的市场空间，贵州省已在国内各大城市设立海外市场分销中心，初步形成了农产品集货、配送、分销一体化链条，同时利用对口帮扶，积极衔接境内外消费市场，将羊肚菌、冬笋、鲜花饼等特色优质农业品牌推送到农产品介绍会，为全省脱贫攻坚工作探索出一条新的扶贫之路。

（三）广西壮族自治区山地绿色农产品品牌的反贫困效应现状

如何将山地优质绿色农产品更好地呈现给客户，实现贫困农户的增收是当前扶贫工作的难题之一，也是打造“桂品”品牌的关键。2019 年以来，广西壮族自治区与社会各界组织共同发力，融合线上线下精准营销，全面优化农产品供应链，为全区贫困地区农产品销售打开新局面。

在人民和政府的努力下，广西农产品品牌的反贫困效应取得卓著成效。广西特色农产品正处于粗放型向精细型的转型过程中，全区积极搭建产品销接平台，建立品牌营销网络，为广西特产打通销售新渠道。据不完全统计，2018 年广西特色农产品销售额达 900 多亿元，其中柳州螺蛳粉、百色杧果和梧州六堡茶等绿色农产品品牌的销售额分别突破 40 亿元、50 亿元和 20 亿元。[①] 近年来，广西农产品不断向泰国、匈牙利、斯里兰卡等海外市场拓展，“桂茶”“桂粉”“桂酒”等特色农产品品牌的影响力和知名度不断提升，助力贫困地区脱贫攻坚。

二 滇黔桂地区山地绿色农产品品牌的反贫困效应问题及原因分析

（一）山地绿色农产品品牌塑造与贫困农户脱贫的联结机制尚未普及

一方面，滇黔桂山地绿色农产品的经营主体以分散的个体户或小企业为主，不仅缺乏规模经济，而且各农户或企业所生产的农产品大多类似，产品品牌特色不明显，竞争力较弱，导致农户难以脱贫。

另一方面，由于农户缺乏健全的农产品品牌意识和充足的品牌建设资金，贫困农户要想依靠个人实力摆脱贫困就显得十分困难。据徐大佑和郭亚慧（2018）的调查，目前大约 30% 的农业企业存在资金不足的问题。因此，要想帮助贫困农户摆脱贫困，各社会群体就必须加大对农产品品牌建设的政策支持和资金支持。

（二）未选准特色产业，农民增收困难

产业是地区发展的基础，选准产业才能帮助当地民众迅速摆脱脱贫。目前，人们对农产品的需求逐步由“吃饱、生存”向“绿色、健康”过渡，然而，由于我国农产品品牌和优质产品数量较少，市场需求并未得到满足。在某些滇黔桂贫困地区物产十分丰富，但由于一些错误的产业选择，常常导致当地自然资源处于闲置状态，特色产业未得到充分发展。因此，要想实现贫困农

① 资料来源：广西壮族自治区人民政府网，http：//www. gxzf. gov. cn/jjfz/t1216687. shtml。

户的脱贫，各地应当做到以下两点：首先，准确分析地区资源，宜果则果，宜菜则菜；其次，找准目标客户，充分了解不断变化着的消费者欲望，在质量和品牌上做足功夫，突出农产品的绿色、健康功能，着力建设滇黔桂地区农产品公共品牌，保障农户的持续增收。

（三）电商人才的缺乏降低了山地绿色农产品品牌的扶贫力度

现阶段，我国居民消费趋势逐渐呈现出线上与线下多渠道融合的特点，人们已习惯高度数字化的消费模式，因此，线上交易在很大程度上决定了山地绿色农产品的销售额。目前，我国农村上网比例逐年增长，但大部分农民对网络的需求主要以娱乐为主，贫困农户停留于现状，不愿意接触新鲜事物。农产品电商精准扶贫需要的是具备电商专业技能、营销技能和管理技能等复合型人才，但目前中国的人才体系中缺乏此类人才的培养机制（颜强等，2018）。农村人才的缺乏，尤其是电子商务人力资源的匮乏极大地限制了山地绿色农产品的销量。另外，从政府部门的角度来说，由于缺乏专业的电子商务人才，政府难以对贫困农户进行指导，导致农产品品牌的反贫困效应微弱，国家的脱贫攻坚工作受到了很大的影响。

（四）品牌标准化体系和质量安全体系的不健全降低了农户的收入

自党的十九大以来，现代农业已进入“4.0时代”，农业发展正从单一的物质供给功能逐步地向非物质供给功能延伸（张红宇，2020）。当前，中国农业面临的问题不再是产品短缺，而是农产品质量低下、同等农产品价格竞争力低下以及农业可持续发展能力低下（李周，2018）。品牌标准化体系与质量安全体系的不健全极大地限制了农业的可持续发展。由于地理因素的影响，滇黔桂地区在农产品品牌标准化发展方面一直处于劣势，农户的品牌意识淡薄，未形成系统的生产、加工和销售流程，也未能准确对产品进行定位与分类，农产品的质量安全很难得到保障。某些农产品生产者为了追求更大的利益，常常生产含有农药或激素的水果蔬菜，造成不良的社会影响，降低了行业市场的整体收益。杨松等（2019）认为，针对这些损害市场秩序，危害人们的生命安全的机会主义行为，可以采取契约治理、政府监管以及第三方治理等措施，加强农产品全方位安全监管体系建设。

第四章

国内外山地绿色农产品品牌塑造与反贫困效应的经验及借鉴

本章通过对国内山地绿色农产品：天津沙窝萝卜、内蒙古乌兰察布马铃薯、江西赣南脐橙、贵州普定韭黄、云南普洱、广西浦北百香果；国外山地绿色农产品品牌：新西兰“佳沛”奇异果、日本“松阪牛”、美国“新奇士”橙进行案例分析，经研究发现，通过品牌效应带动，当地经济得到了迅速发展，同时促进多种产业发展，反贫困效应显著，从而得出四点品牌塑造经验：①树立品牌意识，塑造强势品牌；②界定产品质量标准，避免品牌受损；③创新传播方式，提升品牌知名度；④品牌延伸，开发品牌价值，为我国滇黔桂地区反贫困提供经验借鉴。

第一节 国内山地绿色农产品品牌塑造

一 天津沙窝萝卜

（一）天津沙窝萝卜介绍

在中国，提到萝卜，最有名的品牌之一就是“沙窝萝卜”。沙窝萝卜是生产于天津市西青区辛口镇小沙窝村的萝卜。在那里一句美誉“沙窝萝卜赛鸭梨”深入老百姓的心里。最开始，小沙窝村的萝卜是滞销且无人问津的，而后，这里通过品牌塑造，建立了销售网络，远销海外。通过建立沙窝萝卜这一品牌、建立合作社，天津市西青区辛口镇小沙窝村几百户农户成功脱贫、全村致富。

（二）天津沙窝萝卜品牌塑造

1. 确立品牌、塑造品牌文化

天津曙光沙窝萝卜合作社利用区域地理位置塑造萝卜品牌，其拥有位于天津市西青区辛口镇的国内唯一的优质种植基地，这里种出来的萝卜外表呈翠绿色，好似翡翠一般，一口咬下去声音清脆，甜蜜又多汁。其中可溶性总糖每克可高达9.6。在这个村里，有700多户农民都种植萝卜，利用这一地理特点，辛口镇树立了沙窝萝卜品牌。

好的产品只有品牌远远不够，要想品牌“走出去”，走得更远，就要有自己的品牌文化。天津沙窝萝卜味道极佳，但是不被大众熟知，因此一直未被认可。曙光沙窝萝卜合作社社长李树光通过翻阅资料、询问当地老人等，挖掘沙窝萝卜历史，塑造品牌文化。他将沙窝萝卜的传说典故印在宣传册上，带着宣传册参加了农交、博会等，吸引了众多客户合作、更多的人知晓了这里的萝卜甘甜可口的特点，也让沙窝萝卜品牌走出了这个小山村。

2. 界定产品质量标准

天津曙光沙窝萝卜合作社精选了8个地理环境优越的山庄，这些山庄中的水、土都适宜萝卜的生长，在这里种植的萝卜品质可以得到大众的认可。合作社规划建设沙窝萝卜研究院，聘请专家、引入技术、研发品种、规范标准。随后，研究院研究出了一种新技术，它可以让萝卜更好地为国内进行供应。2003年，该地政府成立了“沙窝萝卜产销协会”，让沙窝萝卜的生产销售具备标准化管理，2007年，该地政府注册了“沙窝”这一商标，并且，政府为“沙窝”萝卜建立了一系列产地与质量的相关标准。在建立标准之后，该地对萝卜进行了标准化的选种、培育、栽培、种植、收获、包装与销售。这一系列的行动后，“沙窝”萝卜的质量得到了保证，使消费者更加放心、更加满意。

3. 规范渠道，避免品牌受损

随着沙窝萝卜被大众熟知，市场上也出现了一些类似的假冒产品。假冒产品没有相应的合作商标，口感也大打折扣。为了解决这一状况，让消费者都买到好吃、放心的产品，也为了保护品牌，当地合作社在在线平台上架相关产品，支持消费者直接在相关合作社进行购买。并且，沙窝萝卜专业合作社与京东、拼多多、淘宝等多平台进行了协议签订，借助平台影响力和相应的冷链配送将沙窝萝卜更好地销往全国。

在政府制定《辛口镇沙窝萝卜质量标准》等与质量、生产、技术、包装等方面的标准化规范文件后，当地对沙窝萝卜生产包装等过程实行了严格管理与监测，产品各方面严格按照政府规定文件进行生产和销售。这样保证了沙窝萝卜品牌的质量，也让沙窝萝卜品牌越走越远。

（三）天津沙窝萝卜反贫困效应

天津市辛口镇全镇种植萝卜面积5000余亩，年产量5000余万斤，通过线上与线下相结合，并且与一些餐饮企业合作，沙窝村的村民每亩地平均收入达到了两万元左右；家庭年收入也由两万元左右的数额，上涨了八九万元。沙窝萝卜这一品牌的建立，不仅仅打开了市场，让萝卜美誉远扬海外，更是让成百上千的辛口镇萝卜种植户成功脱贫，家家户户奔小康。

二　内蒙古乌兰察布马铃薯

（一）乌兰察布马铃薯介绍

内蒙古乌兰察布市，作为“中国薯都”，该城市的马铃薯种植数量与面积，是中国地区级城市中的最高位，其产量与种植面积约占全国的6%。乌兰察布市地处内蒙古，当地的早晚温度差别很大。在马铃薯生长的季节，乌兰察布更是多为降雨天气，正因如此，此地马铃薯质量上乘、淀粉含量高，深受我国国人喜爱。乌兰察布市通过“乌兰察布”马铃薯品牌，使当地村民成功脱贫致富。

（二）乌兰察布马铃薯品牌建设

1. 提升品牌效应

乌兰察布市的马铃薯一直备受国内外喜爱，成功销售到全国各地以及新加坡、韩国等。但乌兰察布马铃薯的商标标识却不被大众熟知，人们只知道吃的马铃薯好吃，却不知是乌兰察布的马铃薯，一些产品的质量标准仍未统一，部分产品的包装并不精美，略显廉价。好的马铃薯却因包装粗糙而不被消费者接受，导致了该品牌的口感优势被浪费。为提高知名度，乌兰察布市举办了一系列活动，如马铃薯文化节，注册了“乌兰察布马铃薯”商标。并且，增加好看、精美包装，包括一些礼盒装、精品装等，加之对品牌进行更多的宣传活动，如带着乌兰察布马铃薯参加一些马铃薯产业发展高层论坛、注册马铃薯专业网站“中国薯都网”等一系列宣传活动提高了品牌影响力，让品牌走出小村庄，走出内蒙古，走向大世界。

2. 确保产品质量

在品牌有了一定知名度之后，乌兰察布为保证质量对产品进行了改良，当地政府依托市里的一些科研机构、学校等科研力量，邀请国内马铃薯相关专家进行培训，对马铃薯品种培育、防治虫害、大规模标准化培训进行研究，获得了丰硕成果。目前，乌兰察布市马铃薯的培育已形成了规模化、标准化生产的体系，可以做到四年进行一次品牌良种的更换。

此外，乌兰察布市质量监督局与集宁区的政府和农业等相关部门指导当地进行质量监控对比，撰写了《区域质量对比提升报告》，让每个农户都按照标准进行生产，确保了马铃薯的产出质量。

（三）乌兰察布马铃薯反贫困效应

在乌兰察布塑造这一马铃薯品牌后，通过现代化马铃薯深加工技术提升附加值。当地经济就这样被迅速带活了。以乌兰察布市的察右后旗为例，当地的马铃薯产量十分高可达1200多千克，当地的农户通过种植马铃薯带来的收入有2000多元之多，这个数量也占农牧民的人均纯收入的30%左右，为农户增收带来巨大收益，是脱贫的良好帮手。自塑造乌兰察布马铃薯品牌以来，品牌持续引领乌兰察布市贫困户脱贫奔小康。

三 江西赣南脐橙

（一）赣南脐橙介绍

具有“世界橙乡”这一美誉的江西省赣州市产出的脐橙，果肉饱满多汁，酸甜可口。因为那里拥有阳光充足、气候温和、雨量充沛等适宜橙子生长的气候，产出的脐橙受到消费者的喜爱。当地利用山地开发的绿色农产品的品牌就是赣南脐橙。

（二）赣南脐橙品牌建设

1. 健全技术支撑品牌服务体系

江西赣南以科技为本，构建完善品牌服务体系。其中，包括繁育优良品种、标准化生产、防控病虫害、产品标准化处理加工、质量监控、营销方案、品牌管理、客户运营服务等完善的赣南脐橙现代化产业服务体系。为达到标准现代化服务体系，赣州成立了“赣州市柑橘研究所”进行脐橙栽培与新品种研发，组建研究中心，构建标准化生产技术体系，通过专业技术人员对农户进行培训，实行技术包干指导服务制度，引领贫困户脱贫。

2. 打造山地绿色农产品

赣州市采用生态栽培模式，对脐橙品质进行统一，引导果农种植精品、绿色的脐橙。赣州市每年举办培训班对果农进行一一培训，通过专业技术人员进行授课与讲解，举办果农知识竞赛活动等，保证果农和从业人员每年至少接受一次以上的技术培训，保证果农种植合格、绿色的脐橙产品。

在赣州脐橙园中，果农采用灯光诱杀害虫，利用生物技术进行防治，大大地降低环境污染和农药残留，种植出无污染、无公害绿色有机脐橙。

3. 统一品牌，提升品牌文化

在20世纪，市场上脐橙品牌良莠不齐，假冒品牌层出不穷。为避免赣南脐橙品牌受损，提高品牌影响力和市场知名度，当地市委、市政府统一了“赣南脐橙”品名，采取统一的品牌管理办法，将全市脐橙品牌进行规范化、统一化，极大地提高赣南脐橙品牌质量和声誉。

21 世纪初，赣州市开始举办脐橙节，获得海内外大量关注，极大地提高了品牌知名度，并获得了许多知名公司投资建设基地，品牌形象得到良好建设。同时，以脐橙节为主导，赣州市积极参与农产品展销会，利用媒体宣传，如在一些电视媒体播放广告，如具有国民知名度和被国民信赖的中央电视台。此外，赣南市还拍摄电影《赣南之恋》与《中国梦世界橙》等，进行文化宣传，利用赣南脐橙品牌发展旅游业，使当地经济得到了有效改善，反贫困效应显著。

（三）赣南脐橙反贫困效应

通过赣南脐橙种植，塑造国际知名脐橙品牌。现在，赣州全市每年新增脐橙种植面积 6.2 万亩，几十万人脱贫致富。又通过品牌传播，发展了旅游业，吸引国内外游客进行游玩，增加农户额外收入。江西赣南通过脐橙品牌塑造，使赣南脐橙走向国际，带来了巨大的经济收益。

四　贵州普定韭黄

（一）普定韭黄介绍

在中国西南地区的贵州省安顺市，有一个盛产韭黄的地方——普定。普定属于亚热带季风湿润气候，降雨量多，生长出的韭黄味道鲜美、纤维素少、口感柔嫩。这里的韭黄种植历史十分悠久，以“白旗韭黄”为主，当地种植的韭黄数量占据贵阳、安顺 90% 以上，更是远销广州、深圳等地，深受其他省市喜爱。

（二）普定韭黄品牌建设

1. 结合优势，因地制宜

经过充分调研、仔细讨论研究，结合自身优势，贵州普定调整农业产业结构，选择种植经济效益好、独特市场竞争力的韭黄，作为该县重点产业。选择历史悠久的“白旗韭黄”进行种植，价格优势明显，具有良好经济效益，可以为该县反贫困做出重大贡献。

2. 注重技术，确保质量

该县规划选择出最适合种植韭黄的6个乡镇（定南街道办事处、穿洞街道办事处、黄桶街道办事处、白岩镇、马官镇、化处镇）作为核心，又选择了重点区（马场镇、鸡场坡镇）、可发展区（坪上镇、补郎乡、猴场乡、猫洞乡）种植韭黄，推进韭黄产业发展，确保产品质量。

在技术生产方面，当地通过与农业科学院、高等学校研究机构联系，获得大量支持，对当地农民进行了系统的培训，由相关专家进行现场指导，带动全县1万余人次进行培训，使当地农民真正参与到勤劳致富中来。

3. 产销结合，打开市场

以"一村一公司"为主体，当地政府进行了统一种植与管理并且将该县10万亩韭黄打造成高产、高质量、高效率的产业聚集区。当地也被国家列为中央财政农业产业强镇示范建设，肯定了当地的作为。普定韭黄与多地签订销售协议，将韭黄推广到多地，让韭黄进入学校、企业、军营等，打开市场，扩大销路。

（三）普定韭黄反贫困效应

贵州普定韭黄，种植历史悠久，在推动产业革命后，种植规模扩大，通过市场渠道，逐渐卖往北上广深等各大城市。当地韭黄作为乡村振兴重点企业，扶贫效应显著，贵州普定韭黄一年三收，亩产达2500千克、产值有2万余元，带动当地贫困户近1300户，5000余人脱贫，扶贫效果极佳，值得多地进行参考借鉴。

五 云南普洱

（一）云南普洱介绍

云南普洱茶产自普洱市，因此命名为"普洱茶"。该地终年雨水充足，植被繁多，土壤肥沃、无污染，种植出的茶叶更是绿色安全又健康，深受国内外消费者的喜爱。作为世界名茶，普洱茶功效多，具有保健功能和收藏价值，香气独特，滋味醇厚，入口回甘，有广阔的销售空间，被中国乃至世界品茶人士所喜爱。普洱市是全国唯一以绿色经济发展为主题的国家试验示范区，当地利用这一特色打造普洱茶文化。云南普洱销售范围逐渐扩大，从当地小型饮品市场逐渐扩展到世界各地，为当地带来了巨大的经济效益。

（二）云南普洱品牌建设

1. 生产原料绿色安全，确保产品品质

云南普洱市地理位置优越，森林覆盖率高达 64.9%，含有丰富的负氧离子，且当地常年雨量充足，土壤肥沃，为普洱茶的生长提供优质环境，确保产品品质纯正。以“帝泊洱”为例，在其生产过程中，利用科技力量制作出高纯度的普洱茶精华，在其中剔除了可能存在的重金属、农药残留等，确保纯天然绿色无污染。

2. 塑造宣传绿色品牌形象

云南普洱市通过举办“普洱市文化节”大大提高了普洱茶的品牌知名度，扩大大众对普洱茶的认知。同时，普洱茶借助电视广播等媒体进行品牌宣传，宣传普洱茶绿色农产品品牌形象。在包装上添加绿色标识，选用更加绿色的环保包装，提升农产品附加值，提高市场竞争力，帮助当地农户增加收入，反贫困效应显著。

3. 创新品牌产品

普洱茶企业在开发普通茶饮品的基础上，结合现代工业，创新研发产品，拓宽市场范围。如速溶性普洱茶提高冲泡便利性；普洱茶饮料增加便携性；普洱茶食品拓宽产品种类。通过一系列新产品的问世，云南普洱茶产品更加被大众喜爱，普洱茶产业获得极佳的经济效益与社会效益。

（三）云南普洱反贫困效应

云南普洱茶作为普洱市支柱性产业，为农民、企业带来了巨大经济效益。同时，云南普洱不仅在茶产品方面获得收益，通过品牌建设，在文化产业、旅游产业等方面积极带动当地经济，促进增收。目前，普洱市绿色普洱茶种植面积达 947 万亩，农村人均种植面积达 5.3 亩，保证建档立卡的贫困户具有一项以上的增收项目。

普洱茶品牌为当地村民带来了巨大的经济效益，帮助村民实现脱贫致富。

六　广西浦北“浦百”牌百香果

（一）广西浦北百香果介绍

百香果，味酸而风味十足，可生食、入药等，其中又富含多种维生素和氨基酸及微量元素，有益身体健康。在广西浦北，那里被誉为“中国长寿之乡”，在百香果龙头企业带动下，使百香果成为当地的“脱贫致富果”，建立了“浦百”牌百香果品牌，帮助品牌发展，农民增收。

（二）广西浦北“浦百”百香果品牌建设

1. 科技保障，追求质量

在产品质量上，广西浦北百香果合作社始终将质量放在第一位。2010 年伊始，每一年合作社负责人都会自费将浦北百香果进行国家绿标抽样检查，且一直达到优秀标准。同时，浦北百香果不仅注重质量，还始终相信科技的力量。合作社通过与科学研究院一起进行研发，进行了技术合作，并且在中国农业科学院、广西农业科学院等专家团队的支持下，培育了更多新品种，进行了技术改进，为好的产品提供了有力的技术保障。

2. 延伸产品，打开销路

百香果不仅可以直接食用，还可以用于饮品制作。“浦百”百香果合作社在种植生产百香果后，更是发展了一系列相关产品，提高了当地百香果的附加值，生产百香果饮料、果酱等。例如，百香果饮料的每日加工量可达百吨以上。延伸产品上线后，更是受到了消费者的喜爱。当地将种植、加工、电商销售实现一体化后，既实现了企业的发展，打开了销路，更是为当地农民带来了巨大的经济效益。

3. 打造品牌，扩大市场

在“中国长寿之乡”背景下，当地注册了“浦百”百香果品牌，该品牌达到国际“绿色食品”A 级标准。在各类农产品展销会、推介会、博览会上都能看见“浦百”百香果的身影。在品牌效应加持下，“浦百”百香果走出国门，远销国外。

（三）浦北百香果反贫困效应

广西浦北县百香果企业利用土地流转种植基地，带动周边贫困户参与种植百香果，在扶贫政策支持下，给贫困户带来了技术，实现了“勤劳致富”。农户在种植周期内均实现每亩7000元以上的收益，远远高于种植其他农作物。广西浦北“浦百”牌百香果这一品牌的建立，让贫困户们脱贫致富。

第二节　国外山地绿色农产品品牌塑造

一　新西兰“佳沛”奇异果

新西兰“佳沛”奇异果是国际知名的奇异果品牌。在新西兰，所有的奇异果都通过一家公司进行销售，即新西兰佳沛国际有限公司。该公司的“佳沛”奇异果一直以优质的形象远销全球53个国家、地区，每年生产近7000万箱奇异果，占世界奇异果销量总数的30%。在2018年，“佳沛”奇异果销量达1.377亿，同比上一年，销售增长稳步提高，销量的提高带来的是巨大的收益，新西兰奇异果种植者每公顷收益可达6万多美元，是新西兰人民增收的首选产品。新西兰“佳沛”奇异果从品牌建立到如今远销世界，离不开其品牌塑造过程，现分析如下：

（一）质量与品质保障

为了保证“佳沛”奇异果的产品品质，生产商从选种阶段就进行了严格的控制与统一标准。同时“佳沛”为奇异果果园配备了专业技术员，进行指导与技术支持，保证每一个环节都有严格管理。如采摘前委托第三方检测机构对奇异果的甜度、硬度等进行测评，只有达到标准时才会进行手工采摘。采摘后“佳沛”奇异果还要经过筛选，大小不均、品相不好都将被筛选出来，再将奇异果根据不同大小、生长情况进行分配包装，还要将冷藏温度以及出口日期进行针对性安排。在这样的质量监控下，确保了每一个“佳沛”奇异果的品质。

(二) 宣传推广，提升价值

自1997年注册商标后，“佳沛”就在各种媒体投放广告、进行促销活动、公关宣传等。以在中国的推广为例，其曾在电视剧《爱情公寓》中植入广告，吸引大量年轻女性购买，销量大增。并且，“佳沛”根据不同地域差异，进行差异化营销推广，如在中国的北京、上海、台湾地区，宣传方式与广告内容均有不同。经过多种方式的宣传，“佳沛”奇异果提高了品牌知名度，在奇异果市场，成为中国消费者的心仪品牌。

(三) 一体化运营模式

在新西兰奇异果生产最初阶段，为了创建标准化区域品牌，当地果农自发成立“新西兰奇异果营销局”，进行奇异果的营销与宣传。在建立该营销局后，有2000户果农注销自己的品牌，共同打造区域品牌。此外，当地政府也对奇异果品牌进行立法，禁止果农以个人名义进行出口。为了产品国际化，当地营销局顺应市场发展规律，成立“佳沛新西兰奇异果国际有限公司”，统一负责全球销售。

正是通过“佳沛”这一品牌的建立，新西兰奇异果得以销往世界各地，成为奇异果品牌的佼佼者，为新西兰果农带来巨大收益。

二　日本“松阪牛”

日本“松阪牛”是国际上知名的牛肉品牌，其产地主要在日本三重县松阪市“松阪牛”的生产过程十分复杂，要选择未生育的黑毛母牛并以大麦豆类、啤酒作为饲料还要用烧酒按摩，这样饲养三年才能成为一头合格的松阪牛。松阪牛口感好，香中带着微甜营养价值极高，被誉为“日本三大名牛”。日本松阪牛公司积极建设维护松阪牛品牌，对质量进行严格把关，成就了“高品质、高知名度、高营养”的日本和牛品牌。而“松阪牛”品牌的确立，让“松阪牛”走向世界，为松阪市带来了经济收益以及旅游产业的兴旺。

（一）严格产品品质管理

日本“松阪牛”从牛犊开始，就有着严格的选拔标准，首先，选择优秀的牛犊品种并在三重县松阪镇饲养。饲料种类也经过了严格的选择和配比，以大麦、豆类为主进行混合。牛犊长大一点之后，农牧民们每天都会给牛喂啤酒、听音乐、晒日光浴。与此同时，松阪牛公司采用“松阪牛个体识别管理系统”，从牛犊买入开始，对牛犊信息进行录入，确保可查。在出售前，经过严格的检疫与肉质评级，按照不同等级进行销售。经过严格的产品管理，每一头日本松阪牛都具备高品质，为品牌长久发展、销往世界提供了保障。

（二）品牌认证，避免受损

日本对农产品品牌认证提供一系列规范化认证制度，如全国性的《本地本物》制度。日本“松阪牛”品牌通过认证，政府与专业机构确保了其农产品的高品质，并为其贴上相应的认证标签，确保产品品牌形象，不仅使“松阪牛”品牌不受损，还强化了日本农业品牌的整体形象。

（三）定位高端品牌形象

日本松阪牛肉价格昂贵，每千克可以达到 5 万日元（折合人民币 3916 元），因此消费群体也定位为高消费群体。在高消费群体眼中，食用日本松阪牛是享受生活的一部分，是其身份的象征。因此，松阪牛肉在定价、包装等方面，也采用高端的形象，以满足消费者的心理需求。出售松阪牛肉的餐厅也都经过官方认证，店内设计豪华，符合高端消费者期望。在高端定位之下，松阪牛品牌有着高价、高质、高贵的品牌形象。

三　美国“新奇士”橙

新奇士，世界驰名的柑橘品牌，由美国新奇士种植者公司打造。现有 6500 多个果农及 60 多个包装公司。“新奇士”橙外观橙黄，气味芳香，汁水香甜。其中含有大量维生素 C，营养价值极高。在建立“新奇士”品牌之前，当地果农互相竞争，纷纷压价，导致好的橙子产品却卖不出好价格。为了打破恶意竞争局面，果农们自发组建“合作社”，其成员的水果都统一为“新奇士”品牌，进行商标认证。自此，“新奇士”橙才开始了品牌建设之路。

（一）品质保障

在“新奇士”橙生产过程中，公司对产品进行严格把控。首先，在种植时选择阳光、降雨充足的加州地区，保证了土壤和空气湿度的要求。其次，在产品成熟后，果农采摘时进行第一次筛选，选择色泽、大小合适的产品再进行流水线第二次筛选，对产品质量进行严格管理。再将产品筛选后进行统一包装，做出标记，确保每箱水果的信息可查。最后，公司还不断地进行内部检查，聘用专职督察员每日巡视。“新奇士”橙经过多重检查标准，确保其品质始终如一，远销世界。

（二）顾客导向

“新奇士”橙在建立品牌之时，不忘开拓海外市场。对于不同国家，具有不同消费习惯的顾客有不同的包装与营销方式，保证了品牌的受众更广，这也是成为世界品牌的原因。例如，在进入中国市场时进行大量调研，在其包装上印有“龙”的图案、出口口味更适合中国大众的偏甜口味的橙，获得了中国消费者的青睐。在品牌塑造之时，应考虑不同市场的不同情况，才能让品牌走出国门，享誉世界。

（三）品牌授权，产品多元化

在“新奇士”橙为大众所熟知之后，“新奇士”品牌开始了品牌商标授权计划。“新奇士”对品牌授权极为严格，必须通过质量标准与检测，经过授权后，扩展了产品的种类，每年仅专利费收入就可达数百万美元。而多元化的产品，给消费者提供了更多的选择，提高了品牌知名度，有效地开发了品牌价值。

第三节 经验借鉴

经过对国内外绿色山地农产品品牌案例研究发现，经过品牌效应带动，经济得到了迅速发展，同时促进多种产业发展，反贫困效应显著。现分析几点经验如下。

一 树立品牌意识，塑造强势品牌

在进行绿色山地农产品生产之后，首先，应建设农产品品牌。政府应设立专门机构进行宣传，增强农户品牌意识，使之了解拥有产品品牌是打开销路的最好办法，同时对农户进行专业培训，提升其品牌建设能力。其次，应立足自身优势，根据地理优势、资源优势、产品优势，因地制宜建立品牌。以本地主导产业为核心，发掘生态、资源和市场优势，政府加大政策扶持力度，培育具有当地特色、生产规模大、产品质量好、知名度和美誉度高的绿色农产品品牌。同时可根据产品特点、区域性以及消费者对特色农产品的需求赋予品牌名及独特的品牌价值、品牌故事、品牌文化，以便发挥品牌效应促进农户增收。

二 界定产品质量标准，避免品牌受损

品牌的建立必须具有良好的产品质量。首先，农产品应建立品牌质量标准，并严格执行。在生产阶段，应保持优良的生产环境，确保每一件农产品都达到标准。其次，建立专门负责产品质量的部门，对生产流程进行规范化培训，统一标准，对产品进行定期检查，并且对于假冒产品进行严厉打击，对于不符合标准的产品生产者进行培训，对于私自售卖不符合标准品牌产品的农户、商家，予以一定惩罚，避免市场良莠不分，使品牌受损。最后，规定相应的检验程序，在进入市场的每一个批次的农产品都要通过严格的检验程序，形成农产品从种植到销售的每一节点的质量把控。

三　创新传播方式，提升品牌知名度

好的产品品牌只有拥有好的营销才能为众人所知，创新传播方式，提升产品知名度，才能提升品牌市场竞争力。通过建立农产品网站等进行互联网宣传、销售。借助媒体激发消费者兴趣，提高关注度，增强产品知名度。鼓励农户通过微博、微信、抖音、直播等方式进行文字、视频宣传，对于盈利效果显著的农户可以予以奖励，提高农户的积极性。还可以借助淘宝、京东、拼多多等销售平台等进行销售。另外，政府可以为农户宣传提供帮助，如定期开展品牌特卖会、品牌推广活动，开展品牌文化节等。提升品牌知名度，是品牌塑造的关键步骤。生产者应该大力实施农业“走出去”战略，鼓励企业推动资金、技术和优质农产品走出国门，利用重点区域内的优势资源发展特色农业，赋予产品文化内涵，扩大优势农产品出口，形成独特品牌优势，提高农产品国际竞争力。

四　品牌延伸，开发品牌价值

建立品牌之后，可以进行品牌延伸，开发多种产品，形成产业链。如美国“新奇士”橙，在柑橘品牌为社会大众认可后，对品牌进行拓展，生产了如橙汁、果酱等多种产品。农户们可以根据自己生产的产品，进行再加工，利用品牌，开发多种产品，这也需要政府的大力支持，提供技术与科技支持等，提升品牌价值，扩大市场空间。同时，在品牌具有一定知名度后，可以利用“品牌＋旅游产业”相结合，体验式服务消费者，带动当地旅游业发展，提高农户收入水平，利用旅游业提升品牌价值，增强反贫困效应。

第五章

滇黔桂地区山地绿色农产品品牌资产模型研究

第一节 引言

利用山地绿色农产品品牌价值带动相关产业发展，提升脱贫攻坚效果，需要建立品牌打造与脱贫致富之间的有效联结机制。党的十九大提出“2020 年现行标准下农村贫困人口实现脱贫”的目标后，滇黔桂地区各级政府进一步针对农业脱贫打造政策，为山地绿色农产品品牌建设提供支持。品牌建设是连接农业生产与市场消费的有效途径，是贫困地区特色农产品产销对接的重要抓手（杨恺等，2019）。

滇黔桂地区位于我国的西南腹地，地区地形以高原、山地为主，适宜的气候和悠久的农产品生产历史为该地区山地绿色农产品产业的发展奠定了基础。但是，目前，以贵州省为代表的滇黔桂地区在打造农产品品牌过程中存在品牌意识淡薄、品牌延伸不足、品牌营销水平低等问题（徐大佑、郭亚慧，2018），品牌建设对农民脱贫增收的促进作用较小。

本章将依据国内外现有品牌资产模型研究成果，结合滇黔桂地区山地绿色农产品品牌特征，提出山地绿色农产品品牌资产模型，并以滇黔桂地区代表性山地绿色农产品品牌为测试对象进行实证检验。旨在通过这一研究推进滇黔桂地区山地绿色农产品品牌塑造过程，为滇黔桂地区反贫困实践以及农产品品牌管理提供借鉴。

第二节　模型构建与假设

Kumar 等（2018）在改进的 CBBE 模型（Customer - Based Brand Equity）中指出，营销活动主要是“刺激→认知和情绪→反应行为”的过程。本章在建立滇黔桂地区山地绿色农产品品牌资产模型时也遵循这个过程。但是，由于刺激无法直接测量，本书通过顾客对刺激的感知进行间接的测量。品牌研究者应在普遍适用性和多样性之间找到一个合适的均衡点（金立印，2007）。正是出于这种考虑，本书从滇黔桂地区山地绿色农产品自身因素出发，找出影响山地绿色农产品品牌资产的直接因素——顾客对刺激的感知。在 CBBE 模型中，这种来自品牌的刺激会影响消费者对品牌的认知，进而影响消费者对品牌的行为反应，这里的行为反应可以表现在忠诚、建言等方面。根据这个逻辑，本书建立了滇黔桂地区山地绿色农产品品牌特有的品牌资产模型。

一　顾客感知

在交易前，顾客需要对品牌进行识别和感知。近年来，随着品牌失责、环境污染、食品安全等问题的频频爆发，越来越多的消费者期望通过利用绿色消费追求更高品质的生活。消费者也希望通过绿色消费彰显独特的地位和身份，从而与其他人区分开（Welsch & Kühling，2016；Aagerup & Nilsson，2016）。绿色属性作为山地绿色农产品品牌最突出的特点，是区别于一般农产品品牌的最重要属性。通过绿色属性，山地绿色农产品品牌建立差异化的品牌优势，受到消费者的青睐。但是，滇黔桂地区山地绿色农产品品牌打造时间不长，宣传力度不足，品牌知名度较差，绿色属性带来的差异化优势难以形成顾客价值。绿色属性优良和品牌知名度不足之间的矛盾严重阻碍了山地绿色农产品品牌资产的强化，致使品牌资产建设和地区脱贫攻坚之间缺乏有效联动。因此，本章将绿色属性和品牌知名度视为影响品牌资产的两大顾客感知因素，是影响品牌资产的前置因素。

（一）绿色属性

山地农产品绿色属性的范畴并没有统一说法。一般来说，品牌绿色属性指的是被消费者感知到的对“生态环境友好”和“消费者健康有益”的属性（孙习祥、陈伟军，2014），其中“健康有益”最直接体现在“产品质量”上。此外，《“2012 中国绿色品牌百强”评选指标》将品牌“社会责任担当”作为占比最大的评选指标。孙习祥和陈伟军（2014）借鉴该指标，将“社会责任”囊括在品牌绿色属性中。

借鉴两位学者的观点，并结合滇黔桂地区的实际情况，本书认为，“社会责任”“生态友好”“产品质量”等特质都应该包含在品牌绿色属性中。①社会责任。滇黔桂地区山林密布，经济落后，人民生活贫困，是国家脱贫攻坚的重要战场。滇黔桂地区山地绿色农产品品牌必然肩负着推进农业产业扶贫、实现乡村振兴的社会责任和义务。本书中强调的社会责任是品牌对经济发展和人民生活改善方面的社会责任，并将其简单界定为企业承担的超过法律与经济要求并高于自身目标的义务。②生态友好。生态友好是那些在绿色农产品生产流通全过程对生态环境有益的属性，是山地绿色农产品的最突出特点。相比于一般绿色农产品，山地绿色农产品产地生态环境更加脆弱，山地地区土层更易流失、承灾能力差，在生产过程中更要注意对生态的保护。③产品质量。产品质量在山地绿色农产品品牌建设中起到最基础的作用。一方面，由于山地地形不适宜绿色农产品的规模生产，山地绿色农产品更具有稀缺性，消费者对山地绿色农产品会抱有更大的质量期望。另一方面，推进贫困地区农产品品牌建设，应当重点实施品质农业发展战略（杨恺等，2019），严格实施质量监管是品牌建设和发展的宝贵经验（崔剑峰，2019）。本书依据聂文静等（2016）对生鲜农产品产品质量的研究，指出产品质量包括安全、品质、感官等方面的内容。

假设5-1a：社会责任是山地绿色农产品品牌绿色属性的一个维度。

假设5-1b：生态友好是山地绿色农产品品牌绿色属性的一个维度。

假设5-1c：产品质量是山地绿色农产品品牌绿色属性的一个维度。

（二）品牌知名度

品牌知名度指顾客知晓、熟悉品牌的程度，即消费者识别该品牌的能力（田金梅等，2013）。即使是在信息大爆炸的今天，绿色农产品也逃脱不了“好酒也怕巷子深”的诅咒。绿色消费者面临评估和搜索产品的时间和精力增加、信息搜索难度增大等购买障碍（Erifili & Sergios，2019）。为了节约购买成本、防范绿色真实性问题，消费者会更加信任和青睐知名品牌，品牌知名度会对消费者购买行为产生积极影响（田金梅等，2013），在山地绿色农产品品牌的发展中具有积极作用。

二　品牌认知与品牌行为

本书所提出的品牌资产模型还包括品牌认知和品牌行为两个层面。

品牌认知是消费者在接触绿色农产品的过程中，对产品品牌所带来的利益形成的一种主观认知。品牌认知可以划分为不同的层次（许正良、古安伟，2011），不同层次代表品牌认知的不同水平，由低到高层层递进。其中，品牌功能是最低层次的品牌认知，是对品牌产品或服务所带来的基本效用的整体评价。而品牌象征是品牌认知的最高层次，超脱了品牌产品和服务本身，它表现的是拥有品牌产品和服务所带来的个人意义和自尊的表达以及个性的展现。

品牌忠诚是公认的品牌资产要素，是最典型的品牌行为表现。诸多国内外学者在对品牌资产研究的过程中检验了品牌忠诚这一要素（Aaker，1996；Yoo & Donthu，2001；何旺兵、胡正明，2012；董平、苏欣，2012）。因此，本章在品牌行为层面选用品牌忠诚要素，并将品牌忠诚定义为消费者对某一绿色农产品品牌产生持续重复购买，并愿意支付溢价、缺货等待等而放弃对其他品牌的尝试的一种行为。

三 模型路径假设

品牌社会性营销活动是企业塑造品牌资产、提升核心竞争力的重要途径（Hoeffler & Keller，2002；孙小丽，2019）。企业履行社会责任会积极影响顾客对服务的评价（Salmones et al.，2005）、提高产品质量水平（范建昌等，2019）。绿色农产品在生产过程中最大限度地限制农药使用，在物流、仓储和销售等环节有更高的环保标准（曹阳，2016），消费者会感知到绿色属性带来的高产品效用。此外，高质量的产品可以使消费者产生更高的感知价值（Sweeney et al.，1999），这对品牌功能的提高是有利的。

此外，品牌的象征价值有利于消费者强化对自身的看法（赵建彬等，2013），所以消费者购买积极承担社会责任的品牌产品时，可能会感知到自身更富责任的形象。消费者通过购买绿色品牌还可以向其他人展示自己的环境意识，在环境意识消费者的社会群体中占有一席之地，并将自己与同行区分开来（Aagerup & Nilsson，2016）。购买高质量的产品在一定意义上意味着高端的品位和对生活品质的更高追求，有助于个人意义的表达。山地绿色农产品一般会被认为具有更高的绿色属性，会使消费者产生更高的品牌象征。

假设5－2a：绿色属性对山地绿色农产品品牌功能有显著正影响。

假设5－2b：绿色属性对山地绿色农产品品牌象征有显著正影响。

一方面，消费者一般认为高品牌知名度的产品更有安全、质量保障。频发的食品安全问题加剧了消费者的恐慌心理和感知风险。品牌知名度代表着企业实力，帮助消费者推测产品的性能和安全性（田金梅等，2013；Hoyer & Brown，1990）。因此，知名品牌更容易形成积极的品牌功能。

另一方面，价值观的差异会导致消费者对品牌态度的差异（Allen et al.，2008），“面子观”使中国消费者更倾向于炫耀性消费（王长征、崔楠，2011），在“面子观”的影响下知名品牌还可以带来更好的自我感觉，获得更高的品牌象征价值。

假设 5－3a：品牌知名度对山地绿色农产品品牌功能有显著正影响。

假设 5－3b：品牌知名度对山地绿色农产品品牌象征有显著正影响。

Kumar 等（2018）指出顾客的认知和情绪会影响到反应行为。在这种逻辑关系下，消费者对品牌的认知会对消费者的购买意愿和行为产生积极影响（周安宁、应瑞瑶，2012）。消费者形成良好的品牌功能价值时，会更多表现出对品牌的积极行为倾向（许正良、古安伟，2011）。顾客较高的功能性评价会对忠诚度产生积极影响（Salmones et al.，2005）。消费者购买产品可能不是完全取决于经济和实用的理由，还受品牌产品象征价值的影响（Levy，1959）。当存在适当的象征价值时，消费者会强化对自身的看法，会更易使用和喜爱该品牌产品（赵建彬等，2013），产品象征价值也会正向影响溢价支付意愿从而形成品牌忠诚（朱丽叶、袁登华，2013）。

假设 5－4a：山地绿色农产品品牌功能对品牌忠诚有显著正影响。

假设 5－4b：山地绿色农产品品牌象征对品牌忠诚有显著正影响。

滇黔桂地区山地绿色农产品品牌资产模型共包括“顾客感知→品牌认知→品牌行为”3 个层级 5 个因素。其中顾客感知包括绿色属性和品牌知名度，品牌认知强调最低级的品牌功能性认知和最高层次的品牌象征性认知两个因素，又将品牌忠诚作为最典型的品牌行为。滇黔桂地区山地绿色农产品品牌资产模型如图5－1所示。

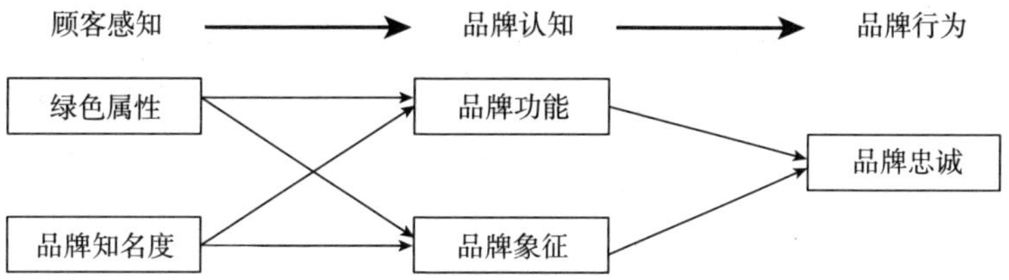

图5－1　滇黔桂地区山地绿色农产品品牌资产模型

第三节　实证研究分析

一　变量测量工具设计

为了对本书提出的山地绿色农产品品牌资产模型进行实证检验，需要对模型中的各个要素进行变量操作化设计。量表的设计需要坚持信、效度原则，本章在前人成熟的量表基础上，结合测量情景和语言习惯进行了适当的修改和调整。问卷初稿形成后，首先交由市场营销领域内的教授和研究生进行评议，根据各位学者的意见对问卷进行修订，形成正式问卷。在本设计的研究量表中社会责任的测量参考Salmones等（2005）和沈鹏熠（2012）的研究，生态友好的测量参考孙习祥和陈伟军（2014）的研究，产品质量的测量由何坪华等（2008）食品质量的研究拓展而来，品牌知名度的测量参考Graciola等（2020）的研究。品牌功能的测量主要来自马进军等（2015）的研究，品牌象征的测量主要来自许正良和古安伟（2011）的研究，品牌忠诚的测量主要来自Salmones等（2005）。问卷采用李克特7点量表，“1＝非常不同意”“7＝非常同意”。同时本书的问卷还包含了一些基本的人口统计学变量。

二　样本选取及数据收集

本书在云南、贵州、广西三省各选取一个山地绿色农产品，并对产品品牌的消费者进行问卷调查。其中，云南省选取云南普洱茶，贵州省选取都匀毛尖茶，广西壮族自治区选取荔浦芋头作为调研对象。受试者被要求回想最常购买的产品品牌，并根据对该品牌的真实印象和想法填写问卷。为了激励受试者，问卷填写完成后给予了一定的报酬。最终得到有效的匹配问卷共计 398 份。其中云南普洱茶收到有效问卷 141 份，都匀毛尖茶收到有效问卷 122 份，荔浦芋头收到有效问卷 135 份。本次调查样本中女性占 52.3%、男性占 47.7%，性别分布均匀；年龄主要集中在 21—40 岁，占 57.1%；就学历而言，高中及以下占 21.9%、大专/本科占 65.8%、研究生及以上占 12.3%。

三　量表的信度与效度检验

信度是量表内部一致性程度，通常用 Cronbach's α 系数值和组合信度值来度量。由表 5－1 可知，所有量表的 Cronbach's α 系数值和组合信度值均超过了 0.7 的可接受标准。因此，本量表具有良好的内部一致性。

表 5－1　　量表的信度与聚合效度检验结果

研究变量	题项代码	标准化因子载荷	P 值	AVE 值	α 值	组合信度
社会责任	Q11	0.885	***	0.738	0.891	0.894
	Q12	0.832	***			
	Q13	0.859	***			
生态友好	Q21	0.864	***	0.740	0.895	0.895
	Q22	0.829	***			
	Q23	0.887	***			
产品质量	Q31	0.849	***	0.667	0.858	0.857
	Q32	0.779	***			
	Q33	0.821	***			

续表

研究变量	题项代码	标准化因子载荷	P值	AVE值	α值	组合信度
品牌知名度	Q41	0.742	***	0.594	0.811	0.814
	Q42	0.811	***			
	Q43	0.757	***			
品牌功能	Q51	0.809	***	0.673	0.859	0.860
	Q52	0.840	***			
	Q53	0.811	***			
品牌象征	Q71	0.826	***	0.717	0.881	0.884
	Q72	0.825	***			
	Q73	0.888	***			
品牌象征	Q81	0.844	***	0.6398	0.840	0.8417
	Q82	0.801	***			
	Q83	0.752	***			

注：* 表示 $p<0.05$；** 表示 $p<0.01$；*** 表示 $p<0.001$。

聚合效度检验不同问项是否可以测量同一潜变量。用问项在潜变量上的标准化因子载荷和潜变量的 AVE 值考察。表 5-1 显示，所有问项的标准化因子载荷值大于 0.7 的临界标准，且在 0.001 的水平上显著，满足了聚合效度的基本要求。此外，各潜变量的 AVE 值均大于 0.5，这意味着解释了 50% 以上的方差。因此本书的各变量具有充分的聚合效度。由表 5-2 可知，原模型（七因子模型）对实际数据的拟合明显优于六因子、五因子、四因子、三因子等模型，且通过了显著水平为 0.001 的卡方检验，这说明本书所涉及的变量之间具有良好的区别效度（张璇等，2017；张亚军等，2015）。因此，可以进行下一步的结构模型分析。

四　绿色属性维度验证性因子分析

为验证社会责任、生态友好、产品质量是否为绿色属性的子维度，建立如图 5-2 所示的模型，并运用 Amos 24.0 进行二阶验证性因子分析。模型的拟合指标如下：$\chi^2=81.919$，在 0.001 水平上显

表 5-2　　区别效度检验

模型	χ^2	df	χ^2/df	NFI	CFI	RMSEA	$\Delta\chi^2$	Δdf	P
七模型	373.191	168	2.221	0.941	0.967	0.055			
六因子	591.534	174	3.4	0.907	0.932	0.078	218.34	6.000	***
五因子	650.829	179	3.636	0.898	0.924	0.081	277.64	11.000	***
四因子	905.918	183	4.95	0.858	0.883	0.1	532.73	15.000	***
三因子	1135.842	186	6.107	0.822	0.846	0.113	762.65	18.000	***
双因子	1731.426	188	9.21	0.729	0.75	0.144	1358.24	20.000	***
单因子	1948.866	189	10.311	0.694	0.715	0.153	1575.68	21.000	***

注：双因子模型（社会责任 + 生态友好）；三因子模型（社会责任 + 生态友好 + 产品质量）；四因子模型（社会责任 + 生态友好 + 产品质量 + 品牌知名度）；五因子模型（社会责任 + 生态友好 + 产品质量 + 品牌知名度 + 品牌功能）；六因子模型（社会责任 + 生态友好 + 产品质量 + 品牌知名度 + 品牌功能 + 品牌象征）；七因子模型（社会责任 + 生态友好 + 产品质量 + 品牌知名度 + 品牌功能 + 品牌象征 + 品牌忠诚）；“+”表示融合；* 表示 $p<0.05$；** 表示 $p<0.01$；*** 表示 $p<0.001$。

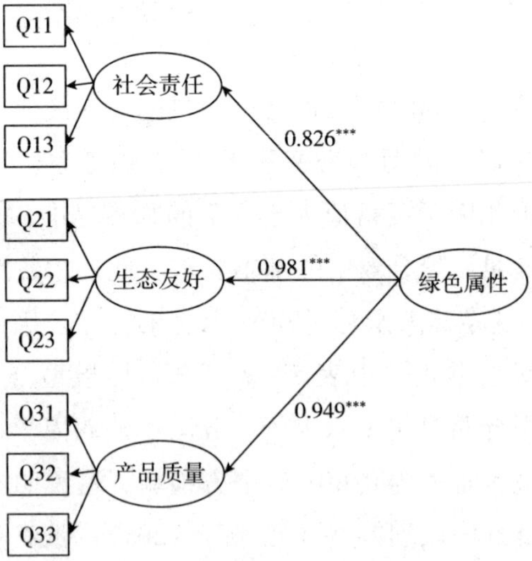

图 5-2　绿色属性的二阶验证性因子分析

注：* 表示 $p<0.05$；** 表示 $p<0.01$；*** 表示 $p<0.001$。

著，通过模型 χ^2 检验；RMSEA = 0.078，GFI = 0.958，CFI = 0.979，NFI = 0.971 均达到理想水平，这表明模型的拟合较好。各

因子载荷均在0.001水平上显著，且都大于0.5的最低标准。拟合指标和标准化因子载荷均表示模型拟合良好。绿色属性具有良好的二阶结构，假设5－1a、假设5－1b、假设5－1c成立。

五　结构方程模型验证

运用Amos 24.0就总体样本对驱动模型中的路径关系进行结构方程模型验证。模型拟合情况如下：$\chi^2/df = 2.432$，小于3的标准；GFI＝0.910，NFI＝0.932，CFI＝0.958，均大于0.9的标准；RMSEA＝0.60，小于0.8的标准，模型的拟合程度较好。模型路径系数见表5－3，绿色属性到品牌功能、品牌知名度到品牌功能和品牌象征、品牌功能和品牌象征到品牌忠诚之间的驱动关系显著，假设5－2a、假设5－3a、假设5－3b、假设5－4a、假设5－4b均得到支持。而绿色属性到品牌象征的路径关系不显著，假设5－2b不成立。

表5－3　　路径分析结果

路径			标准化系数	S. E.	C. R.	P	结果
绿色属性	→	品牌功能	0.399	0.07	5.677	***	支持假设2a
绿色属性	→	品牌象征	－0.023	0.087	－0.273	0.785	不支持假设2b
品牌知名度	→	品牌功能	0.533	0.069	7.191	***	支持假设3a
品牌知名度	→	品牌象征	0.738	0.091	7.968	***	支持假设3b
品牌功能	→	品牌忠诚	0.325	0.055	6.235	***	支持假设4a
品牌象征	→	品牌忠诚	0.668	0.056	11.757	***	支持假设4b

注：* 表示 $p<0.05$；** 表示 $p<0.01$；*** 表示 $p<0.001$。

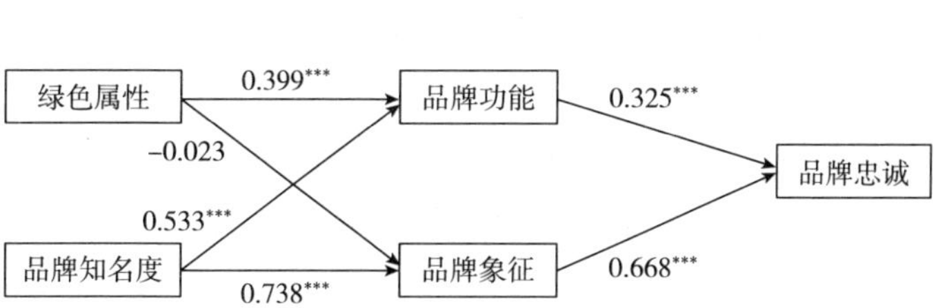

图5－3　模型路径关系

注：* 表示 $p<0.05$；** 表示 $p<0.01$；*** 表示 $p<0.001$。

第四节　结论与讨论

一　讨论

本书以滇黔桂地区山地绿色农产品品牌消费者为研究对象，基于消费者视角对滇黔桂山地绿色农产品品牌资产进行了深入的探讨，建立了一个结构良好的山地绿色农产品品牌资产模型。本书采用实证研究的方法，首先借鉴先人的研究编制了品牌资产测量量表，并对量表的信效度进行了检验。通过二阶验证性因子分析验证了绿色属性的子维度结构。运用结构方程模型对模型变量间的路径关系进行了探讨。

（1）本书对绿色属性的构念进行了分析。学者在研究品牌绿色属性对消费者认知和行为的影响时，仅分别讨论了绿色属性的各子维度与消费者认知和行为的关系，而并没有对绿色属性的构建维度进行实证分析。通过二阶验证性因子分析，本书发现，社会责任、生态有益、产品质量是山地绿色农产品品牌绿色属性的子维度。

（2）运用结构方程模型对山地绿色农产品品牌资产模型内部变量间路径关系进行了分析。结果表明，绿色属性会对品牌功能性认知产生正向影响，品牌知名度会对品牌功能和品牌象征产生正向影响，品牌功能和品牌象征会对品牌忠诚产生正向影响。但绿色属性对品牌象征的影响没有得到验证，这与国外学者的研究不一致（Aagerup & Nilsson，2016），可能的原因是由于国内绿色品牌建立时间较晚，消费者对绿色产品尤其是绿色农产品的认知并不深入，绿色农产品品牌一直作为小众品牌存在于市场一隅，消费者对品牌绿色属性带来的象征性价值没有充分认知。

二　结论

（1）消费者会从多个方面对山地绿色农产品品牌绿色属性进行评估。鉴于此，滇黔桂地区山地绿色农产品品牌不仅应该具备绿色环保的意识，践行绿色环保行为。而且还要积极承担扶贫攻坚、扩大就业、推进社会经济发展等社会责任，同时严把产品质量关。从多方面保障品牌绿色真实性，防范品牌“漂绿”等虚假行为。

（2）滇黔桂地区山地绿色农产品品牌在品牌资产建设过程中，应该依托品牌绿色属性实施差异化品牌战略，严格践行绿色理念。同时，企业要加大自身品牌宣传力度，地方政府做好区域绿色品牌的代言人并给予山地绿色农产品企业更多的交流宣传支持，提升品牌知名度。通过品牌绿色理念践行和知名品牌打造的有机结合，提升消费者对品牌的功能性价值认知和象征性价值认知。通过给予消费者优良的功能性利益和独特的象征性利益，满足消费者优质产品需求和自尊表达、个性展现等自我表现需求，培育消费者与品牌的长期忠诚关系，强化消费者视角的山地绿色农产品品牌资产。

三　研究局限及未来展望

虽然在研究过程中力求严谨，但难免存在一些局限性有待后续研究中加以完善。首先，本书采用问卷调查的研究方法，不能断言品牌资产模型内部变量之间的因果关系，未来需要通过纵深研究进一步确定变量之间的内部关系。其次，本书样本仅局限于云南普洱、都匀毛尖、荔浦芋头三类农产品企业品牌的消费者，研究结论是否适用于其他山地绿色农产品品牌还有待进一步验证。再次，本书的结论与国外研究存在不一致的地方，虽然尝试做了解释，但还需进一步论证，并与国外样本进行比较分析。最后，本章仅仅探讨了品牌功能性认知和象征性认知的中介作用，未来可拓展到品牌认知的其他层级，比如体验性认知。

第六章

山地绿色农产品品牌塑造模式研究

滇黔桂地区地处西南腹地，由于历史、文化、技术等原因，一直是国家扶贫的重点地区，但受地形地势等因素影响，该地区山地绿色农产品行业发展缺乏推力，农产品的天然绿色属性未能被合理利用，无法发挥原产地效应优势，导致经济发展不畅，人民生活水平难以大幅提高。因此，推动该地区山地绿色农产品品牌塑造，对该地区经济发展至关重要。本章结合滇黔桂地区地理区位优势构建品牌资产模型，以滇黔桂地区为样本，提升滇黔桂地区绿色农产品品牌知名度，使品牌塑造在反贫困行动中发挥出巨大的成效。

第一节　品牌塑造与品牌资产模型

1990 年后，营销界开始在品牌资产的多个层面开展了大量的研究。Keller（1993）认为，品牌资产是品牌延伸力的表现。各大企业通过强化品牌资产进行品牌知名度、品牌形象的塑造已然成为一种较为有效的品牌塑造模式。通过对国内外文献的整理研究发现，相关学者主要从消费者视角和企业产品产出视角两个层面进行研究。首先，从消费者的角度出发，主要通过测量消费者对企业品牌的态度感知来反映其品牌价值，具体测量指标有品牌忠诚、质量感知、品牌知名度等（Yoo & Donthu，2001），通过采取一些有效性措施来改变消费者对产品的质量感知，实现顾客的品牌忠诚，树立企业的品牌形象，从而实现品牌的成功塑造（Keller，1993）；其次，从企业产品产出的角度出发，主要考察品牌的塑造为企业产品交换活动所获得的增量或利益（侯丽敏、薛求知，2014），具体测量指标包括价格溢价、价格灵活性、品牌延伸力等（王海忠，2008），通过对产品的价值延伸来检验强化品牌资产的必要性以及重要性，为企业进行品牌塑造创造有利条件。研究证明，强化品牌资产对地区对企业的品牌塑造具有重要的推动作用。

通过对农产品品牌塑造的文献整理研究发现，大部分文献都是基于产品属性、企业形象、消费者心理等对农产品发展现状进行分析的，继而得出农产品品牌塑造的具体措施，所得数据主要是基于特定企业或少数几家企业，代表性和适用性较差，同时也没有经过严密的实证研究，主要是理论推导和经验总结，可靠性较低。因此，通过构建品牌资产模型，运用数理统计方法对理论假设进行验证，并运用得到验证的品牌资产模型对农产品品牌进行塑造，是现阶段一个较为严谨的研究方法。基于此，本章结合滇黔桂地区特色资源，构建品牌资产模型，开展绿色农产品品牌塑造研究，使绿色农产品品牌附加价值得到提升，以及其市场竞争力得到强化，为反贫困提供理论参考。

第二节　滇黔桂地区山地绿色农产品品牌塑造模式研究

根据前文关于绿色农产品品牌塑造的相关模式进行研究整理，大多数文章都是围绕企业品牌价值延伸与消费者心理引导两方面进行农产品品牌塑造。由于滇黔桂地区地形复杂，农产品产出规模小，但品质独特，且符合绿色生产标准。因此，本章依据 Kumar 等（2018）改进的 CBBE 模型——“刺激→认知和情绪→反应行为”，结合滇黔桂地区的独特环境以及特色农产品资源构建了相应的品牌资产模型。通过对产品品质、绿色属性、社会责任、品牌知名度四个维度的测量，加强消费者对滇黔桂地区的绿色品牌认知，从而强化西南地区山地绿色农产品品牌建设。并以该品牌资产模型为基础，探讨品牌塑造对滇黔桂地区的反贫困推进作用，发挥品牌的溢出效应，充分利用品牌价值带动相关产业的发展，甚至“盘活”整个西南地区的经济增长，提升脱贫攻坚效果，继而为相关企业进行品牌价值塑造提供一定的借鉴。根据本章构建的品牌资产模型，我们提出从产品质量、绿色属性、社会责任以及品牌知名度四个方面开展品牌塑造研究。

一　加强产品品质建设，输出优质绿色农产品

稳定的优质产品是品牌形象的重要来源（尤晨、曹庆仁，2003），又由于消费者心理需求的巨大转变，绿色意识以及环保意识的不断增强。通过对滇黔桂地区农产品的全方位质量管控。既让消费者能够感知到品牌产品的基本功能和效用，又可以使消费者借用该产品来实现内在的自我提升，通过自我身份的展示来获取社会认同，发挥农产品高品质的价值延伸对反贫困实践的重要推动作用。

本章结合滇黔桂地区特有山地地形、山地气候等将农产品品质细分为外在属性和内在属性。打造属于滇黔桂地区的特色绿色农产品品牌。其中，外在属性包括产品价格、产品外观、产品产地等；内在属性包含产品口感、产品安全、产品营养价值等。对滇黔桂地区绿色农产品品质的保证能实现“生产—物流—零售”一体化设计。

（一）生产环节产品质量把控

在生产环节，滇黔桂地区农户生产要以提高农产品的内在属性质量为目标，重点把握产品口感、产品安全、产品营养价值等方

面，优化滇黔桂地区农产品的整体输出质量。由于滇黔桂地区地处西南腹地，特别是农产品种植相对密集的农村地区，经济水平较为低下，信息交流相对闭塞，因此本章主要从整合农户经验、引进相关现代农业技术、秉持绿色生产观念三个具体方面在生产环节加强产品质量把控。

由于滇黔桂地区地形地貌复杂，山高路远，农户间生产生活的交往特别是跨地区交流相对较少，沟通渠道不畅，农业种植技术以及相关经验无法进行有效协调整合，导致该地区的农产品品质参差不齐，无法形成一个统一的标准。因此，首先，滇黔桂地区在进行山地农产品品牌塑造的过程中，要打通信息交流障碍，协调整合各地区农产品生产经验，取长补短，完善各地区对于种植绿色农产品的农户技术，设计最优种植方案，在全地区进行推广，为滇黔桂地区的农产品输出建立一个统一的标准，打造属于滇黔桂地区特有的绿色农产品名片。

其次，在对滇黔桂地区的自有种植经验进行系统整合以后，还要结合现代科技发展的相关优势，引进现代农业种植技术，助力滇黔桂地区绿色农产品的规模化发展、信息化发展，在一定程度上减轻农户的体力消耗。通过现代农业技术监控农产品生长的各个环节，及时杀虫补水补光等，记录农产品在生长过程中所产生的各类突发情况，以便以后形成规范化的补偿措施，通过引进现代农业技术，不仅可以极大地解放生产力，更能实现规范的操作流程，提供科学系统的指导。因此，在农产品生产环节引进相关现代农业技术对于加强农产品质量至关重要。

最后，在完善相关产品种植经验以后，对于该地区的一个特色优势，即绿色优势，不能置之不理，由于滇黔桂地区的独特地形地貌，极大地保障了该地区农产品输出的天然绿色属性，但是，由于机会主义行为的存在，每一个人在滇黔桂地区绿色农产品品牌塑造所产生的巨大利益面前，都有可能会采取一系列的机会主义行为。比如，通过不当途径扩大农产品的产出数量，或者减少成本投入等手段。因此，在进行滇黔桂地区绿色农村产品品牌塑造的过程中，特别是源头生产环节，一定要加强农户的绿色生产观念，鼓励支持农家肥的使用，坚决杜绝使用化学肥料进行生产，保证该地区产品输出的绿色属性。

总之，在生产环节对农产品品质进行总体把控时，要建立规范的操作流程，把农户种植经验转化为系统理论知识，融入相关种植现代信息技术，实现信息化、专业化生产、集约化生产。

（二）运输环节产品质量把控

在运输环节，对产品质量把控首先要注意运输的便捷性，包括下单便捷、接单便捷以及装车便捷。其次还要注意运输过程中对产品新鲜程度、外观质量的把控。基于这两个方面，本章拟设计两条具体措施来保证运输环节的产品质量控制：一是设计在线的“产品—物流”平台；二是为产品设计一套标准严实的包装，降低运输过程中的损坏率。

滇黔桂地区绿色农产品企业联合设计一个供需在线平台，该平台展示西南地区的供需信息，通过“产品—物流”的有效配对，实现“货—车”的无缝对接，企业在线快速下单，货车司机实时接单，实现产品配送周期短、配送速度快的目标。因为绿色农产品和一般耐用品性质不同，要保持产品的最大效用，就必须保证农产品的新鲜程度不受损害。我国生鲜绿色农产品价格高昂，其中一个重要原因即是产品的运输时间长，配送不到位，导致生鲜产品贬值快，损坏率较高，因此，为了弥补损坏成本，就必须提高市场价格。构建“产品—物流”平台可以很好地避免此类问题的发生，不仅极大地节省了供给企业的生产成本，也进一步节约了消费者的开支，向消费者传达了该地区绿色农产品质优价廉的品牌形象。

在运输过程中，生鲜农产品的损耗率较高，导致产品整体的质量下降，除了运输时间长，还有一个重要的原因是包装不严密。因此，在进行产品质量把控时，要对农产品进行保鲜处理，并且严密包装，减少产品间的互相挤压，最大限度地保证产品的原生态，提升农产品的外在属性价值。

（三）零售环节产品质量把控

在零售环节，西南地区绿色农产品企业要以提高农产品的外在属性为目标，主要是产品的外观管理。通过保证产品在消费者面前的优质呈现，提高产品的价值延伸力。首先，实行产品上架管理，产品摆放科学有序，突出滇黔桂地区绿色农产品与其他普通农产品的异质性，营造中高端产品形象，但是保持平价销售，充分展现滇黔桂地区绿色农产品的物美价廉优势，打造地区品牌形象，促进消费者品牌忠诚。其次，要随时对上架产品质量进行全方位监控，及时下架由于水分丢失等原因造成的质量下降的产品，更换新鲜产品。

二　合理利用区域优势，突出农产品绿色属性

近年来，人民生活水平不断得到改善，农产品的市场需求也从满足数量转化为数量与质量并行，对产品质量提出了更高的要求，且消费者的健康信念和环保意识逐渐加强，对有机食品的消费彰显了消费者的独特的地位和身份，农产品的绿色属性逐渐成为消费者刚需。滇黔桂地区地形以山地高原为主，农产品生长环境天然无污染。因此，绿色属性可以作为滇黔桂地区进行农产品品牌塑造的一大特色优势，但是，滇黔桂地区的绿色属性并没有发挥其独特优势，造成了极大的资源浪费。本章基于滇黔桂地区的品牌发展特点，跟随市场消费潮流，从加强产地保护、合理利用原产地效应以及扩大绿色产品企业集聚三个方面突出农产品绿色属性，提升消费者对滇黔桂地区绿色农产品的品牌认知。

（一）加强产地保护

在消费者印象中，绿色是滇黔桂地区的代名词，该地区地理区位优越，受污染程度小。但是，经济的快速发展所伴随的问题也逐渐暴露出来，该地区自然环境还是遭到了不同程度的破坏。一是农产品产地污染，近些年一些地方为了实现县乡经济发展，不惜为高耗能、高污染投资项目开绿灯，加之县乡地区地价便宜，监管不严，劳动力成本较低，一些高污染工业企业大量向县乡转移，造成了农产品产地及其周边环境污染；二是农业投入品污染，个别农业生产者为追求高产量而大量使用化学肥料，虽然在产量上得到了保证，但农用土壤遭到污染，河湖水质严重下降。针对此类问题的发生，滇黔桂地区在进行山地绿色农产品品牌塑造的过程中，必须要提高产地保护力度，保证消费者对滇黔桂地区的良好绿色形象，从科学立法的角度提出完善产地保护法，保护产地不受污染，从而保证产品产出的质量（代杰，2016）。

滇黔桂地区产地保护，必须坚持源头治理、统筹协调、民众共同参与等基本原则，合力维护该地区的长远价值追求，加强环境保护，保护产地的原生态，减少人为干预，给消费者传达“我”是绿色的，没有被破坏的。首先，政府需要科学立法，完善产地保护政策，围绕农产品产地环境保护专门法，辅以土壤污染防治法、农产品质量安全法以及其他有关法规、规章、地方性法规，完善相关法律体系。其次，加强生产者的绿色生产观念建设，坚持绿色生产，坚持施用农家肥，控制化学肥的使用，保持农产品输出的绿色状态。

（二）发挥滇黔桂地区原产地优势

由于滇黔桂地区的经济发展比较落后，农产品的绿色原产地效应不明显，外界缺乏对滇黔桂地区绿色产品属性的感知，导致该地区农产品生产企业无法使用绿色农产品品牌带来的连锁效应。因此，在进行农产品品牌塑造的过程中，要加大对滇黔桂地区农产品的绿色属性宣传力度，同时伴随着优质绿色农产品的产出，发挥滇黔桂地区的绿色原产地优势，依托消费者对滇黔桂地区的绿色产品认知，加大该地区的绿色产品输出，这对于滇黔桂地区山地绿色农产品品牌塑造具有重要的推动作用。

原产地标志的优势在于其自然资源和人文资源优势可以满足市场需求，是一种有价值的知识产权。这种知识产权可以协调滇黔桂地区政府、绿色农产品加工企业以及生产农户共同打造属于西南地区的绿色农产品品牌，强化该地区的原产地形象，利用自媒体平台传播西南地区绿色产品声音，展现西南地区绿色产品形象，服务西南地区广大绿色农产品生产企业，推广西南地区特色绿色农产品。同时，在进行农产品对外输出时，打上滇黔桂地区绿色农产品标签，充分利用该地区绿色原产地优势，做足势头营销，突出农产品的绿色属性。

（三）促进绿色产品企业集聚，发挥产业集群作用

为突出滇黔桂地区农产品的绿色属性，该地区相关企业应该形成产业联盟，协同发展，发挥产业的集聚作用，提升农业集约化经营水平，共同打造以及维护滇黔桂绿色农产品品牌。各个企业还应严格控制产品输出质量，减少机会主义行为，以此突出该地区的绿色属性，强化消费者对该地区的品牌认知。

首先，农产品生产企业与相配套的上、下游企业和服务业协同发展，促进前端（原料）、中端（加工）和末端（营销）的一体化发展，加快西南地区农产品产业升级，发挥滇黔桂地区绿色农产品的原产地标志优势以及充分利用现行的市场特征，推进农产品产业区域结构优化和集群化发展，夯实竞争基础。

其次，创新发展模式，例如和科研机构合作，发展“科研院所+农技推广+专业化种植”新模式，壮大西南地区产业集群优势，更好地提升该地区绿色农产品的质量，突出该地区的绿色产品属性。

三　积极履行社会责任，树立企业品牌形象

自2013年习近平总书记提出“精准扶贫”的概念之后，滇黔桂地区依托该地区农业产业积极进行以农脱贫，通过“科研+发展”“基地+龙头”“产业+宣传”“品质+品牌”的模式，提高绿色农产品管理水平，打造滇黔桂地区山地绿色农产品品牌。企业单位积极履行社会责任，以点带面，促进整个西南地区经济大发展。

基于滇黔桂地区的特殊地理环境以及经济发展水平，当地农产品生产加工企业通过实施企业捐赠、缓解当地就业压力以及举办义

卖活动等措施对积极履行企业对社会的责任，提升企业的经济效益，增强员工归属感，提升企业生产效率，树立良好的企业形象，提升反贫困效应以及打造滇黔桂地区绿色农产品优质品牌都具有重要的影响。

（一）通过企业捐赠履行社会责任，强化企业品牌形象

滇黔桂地区绿色农产品企业在发展过程中，除了保持利润之外，还要履行一定的社会责任，强化社会对企业的认可，提升企业的竞争力。由于滇黔桂地区经济发展水平较中东部地区还具有一定的差距，社会财富分配不均，在这种情况下，需要当地企业进行捐赠活动，“反哺”当地经济，为当地的基础设施建设、教育资源水平提升贡献自己的力量；通过企业捐赠实现企业的保值增值作用。

首先，企业捐赠的一个基本动机即是实现企业效益的保值功能。维系企业价值的目标导向，通过企业捐赠，为企业的运营提供合法的保护，降低企业被攻击的风险。滇黔桂地区绿色农产品企业在进行品牌塑造的过程中，潜藏着一连串的利益相关者，包括竞争企业、政府、债权人、员工等直接性利益相关者，还涉及当地媒体、群众等间接利益相关者。利益相关者之间存在相互伤害的潜在可能性。为了降低利益相关者的机会主义行为，破坏行业整体利益，企业可以通过捐赠活动获取政府、员工、社会群众等相关利益者的价值认同，同时增加利益相关者的边际收益，从而为企业的经营活动和价值增值提供一个合法的“保护伞”。

其次，企业进行捐赠的主要动机即是实现企业效益的增值功能。捐赠活动有助于企业改变外部竞争环境。一是有助于改变企业的要素环境，企业通过捐赠活动“反哺”当地经济，助力基础设施建设，可以有效地改善滇黔桂地区交通运输环境，降低企业的运输成本，获取成本优势和运用效率。二是有助于改善市场需求环境，企业通过捐赠活动，可以提高消费者的产品忠诚度，而且还有助于提高附加产品的销售量。三是企业可以通过捐赠活动，成立行业互助组织，加强相关行业之间的优势合作，从而实现行业共赢。

（二）增加就业岗位，提升企业内部员工认可

滇黔桂地区在塑造区域绿色品牌的过程中，除开企业自身造势之外，社会群众、政府、当地媒体等利益相关者的主动造势对品牌的塑造也具有极其重要的作用。稳就业，促发展，缓解政府压力，提高人民收入水平，这也是企业履行社会责任的一个具体表现。滇黔桂地区整体发展并不富裕，就业岗位较少，该地区绿色农产品加工企业通过提供就业岗位，采取鼓励措施提升农户生产绿色农产品的积极性，吸引更多的农户加入生产队伍，间接增加该地区人民收入。再者，增加业内技能培训，给予农村闲置人口更多的就业机会，提高企业内部员工薪资福利，提升内部员工对企业的认可，以及政府对企业的扶持力度，间接扩大该地区的品牌影响力。

第一，积极实施上游供应链优化，绿色农产品加工企业加大收购力度，提高收购价格，积极鼓励农户进行生产，并且吸引新农户加入生产组织队伍，让农户有利可图，但是必须制定农产品收购标准，防止农户采取机会主义行为，非法扩大产品产量，破坏滇黔桂地区整体绿色品牌形象。

第二，滇黔桂地区绿色加工企业通过加大劳动密集型岗位技能培训，吸引更多农村闲置劳动力入驻企业，降低招工标准，做好企业内部员工管理，完善激励制度，保证企业员工的稳定性，减少劳动力流动性。此举措不仅可以解决企业用工荒问题，并且很好地履行了社会责任，提升了企业的社会价值认同，极大地提高了企业产品的宣传力度，对该地区绿色农产品品牌塑造有着重要的推动作用。

（三）不定期举行慈善义卖活动，扩大品牌知名度

企业履行社会责任除了提供更多就业岗位，关怀其内部员工发展，以及进行无偿捐赠活动之外，更有一种慈善活动，即慈善义卖活动，该活动不同于无偿捐赠，企业构建一个社交平台，继而上架本企业绿色农产品，并且对外公布，本次活动所得利润将全部捐赠给红十字会或者用于资助建设乡村希望小学等，通过举办此类义卖

活动，企业不仅履行了社会责任，而且极大地宣传了企业的产品，提升了企业的形象，这对塑造滇黔桂地区绿色农产品品牌有巨大的推动作用。

四　实施整合营销，提升品牌力

滇黔桂地区经济发展较其他地区滞后，信息流通不畅，俗话说“酒香还怕巷子深”，因而在进行农产品品牌塑造时要注意提高品牌知名度，加强消费者的品牌认知。企业品牌的成功塑造，要以质量合格的产品为基础，合理的价格以及合适的分销渠道为保障，而且还需要合理地运用促销策略去提高产品市场知名度，抢占更多市场份额。

促销策略包含范围广泛，比较典型的促销策略有广告、促销活动、网络推介、线上线下协同、包装设计等。本章将滇黔桂地区山地特色农产品作为基本元素，结合AI智能技术的发展，选取促销活动、线上和线下协同以及包装设计三个方面去提高滇黔桂地区山地绿色农产品的品牌知名度，打造品牌个性独特、消费者忠诚度高和产品溢价能力强的强势品牌，以此促进企业的长远发展。

（一）合理利用促销活动，提高产品知名度

滇黔桂地区在进行品牌塑造的过程中，进行合理有效的促销活动是非常有必要的，由于滇黔桂地区山高路远，对外信息交流比较闭塞，很多优质绿色农产品无法被大众熟知，所以需要该地区绿色农产品企业进行适时的产品宣传。

每个消费者都是一个独立的个体，所接受的教育、所处的环境等都是不同的，因此消费者对不同价格折扣水平以及促销方式的感知价值也会有不同的市场反应。通过市场实践证明，折扣、买一送一、现金返还等让利促销方式对消费者的感知价值和消费行为意向具有显著的正向影响，更能刺激顾客需求，由于目前滇黔桂地区品牌传播力不够，优质农产品不被消费者熟知，因此，滇黔桂地区在进行绿色农产品品牌塑造时，首先要扩大产品市场份额，在产品打入新市场时，要求各大分销商进行适时的促销活动，返利消费者，

以此扩大滇黔桂地区的品牌知名度，打造西南地区强势区域绿色品牌。

同时，该地区绿色农产品品质优良，营养价值高，自我定位为中高端生鲜农产品，绿色农产品企业在进行市场开发时，应采用合适的促销方法，尤其是作为中高端生鲜农产品，更不能漫无目的频繁促销，这样会极大地损害其品牌资产，降低消费者的购买意愿以及消费者的品牌认知。因此，滇黔桂地区在进行绿色产品促销时，要深入研究消费者心理痛点，结合当地文化背景，注意促销尺度，始终坚持营造滇黔桂地区绿色农产品中高端产品形象，进行合理合情促销。

（二）线上线下协同，实行多渠道营销策略

首先，互联网技术的急速发展，不仅改变了人们的消费方式，而且深刻影响传统零售业的发展，电商成为当下热门话题，传统与网络结合的多渠道正成为零售业的标准模式。滇黔桂地区绿色农产品企业也应该依托 AI 手段，实行多渠道协同，构建完整的线上和线下生鲜供应链，通过云上大数据对顾客信息进行分类整合，扩大产品销路，实现精准营销，同时进行渠道协同，在原有传统零售渠道的基础上开通网络直销渠道进行产品销售。在双渠道环境下，消费者面临着更多的产品和服务选择，可以方便地在不同渠道之间进行转换，满足购买需求，使渠道服务之间具有互补性，能够极大地增强消费者效用。

其次，滇黔桂地区绿色农产品零售企业的营销模式也需要及时跟随消费者消费方式的变化而变化。从传统的零售模式转化为“产品＋服务”的以服务为主的营销模式，提供定制化服务，以满足消费者个性化需求，提升顾客的忠诚度，提高企业的供应链管理绩效和市场覆盖率。通过线上和线下渠道协同发展，构建一体化营销平台，向大众展示滇黔桂地区优质的绿色农产品，提升消费者对滇黔桂地区的绿色品牌认知，从而实现品牌忠诚。

（三）设计独特包装，引领消费者品牌认知

最初的包装仅仅是为了顾客便于携带，是一种增值服务，对包装没有特殊的功能要求。在第三次消费升级的驱动下，产品的外包装功能不断得到强化、延伸，现代意义上的包装不仅只是便于产品携带，更是作为一种品牌形式产品，作为一个优质传播媒介，向外界传达产品信息。因此，本章在进行滇黔桂地区绿色农产品品牌塑造研究中，聚焦产品包装，实现品牌传播力度最大化，强化消费者的品牌认知。

滇黔桂地区在进行产品对外输出时，通过设计独特的具有地区特色的包装，产品的外包装不仅要体现本地区农产品的绿色属性，而且还要充分展现该地区的民族特色，加强消费者对滇黔桂地区绿色品牌的认知，促进消费者的品牌忠诚。

第三节　品牌塑造及反贫困发展模式研究

2015 年中共中央、国务院颁布了《关于打赢脱贫攻坚战的决定》（以下简称《决定》），提出到 2020 年实现农村贫困人口不愁吃、不愁穿、基本义务教育、基本医疗和住房安全有保障，在我国现行标准下确保农村贫苦人口实现脱贫，贫困县全部“摘帽”。自《决定》颁布以来，我国各地区积极进行反贫困实践，滇黔桂地区作为国家反贫困的重大重点片区，是脱贫攻坚的主体战场，需要社会各大主体积极发挥能动作用，整合西南地区优势特色资源实现经济上行，减缓贫困主体，消除贫困现状。本章拟利用滇黔桂地区特色农业资源，依托滇黔桂地区出产独特山地绿色农产品，塑造滇黔桂地区公共区域品牌，集中探讨反贫困发展模式，以农带富，发挥农业产业的优势力量，助力滇黔桂地区 2020 年脱贫攻坚顺利“摘帽”。

一 “政府+龙头+农户”专业化发展模式

滇黔桂地区由于其独特地形地貌孕育出许多质量上乘、健康环保的特色农产品，如云南普洱、广西荔浦芋头、贵州都匀毛尖、织金竹荪等营养价值高、产品特性好的优质农产品。但由于该地区的基础设施建设不完善，现代化专业人才缺乏，导致经济发展不畅，众多优质的农产品没有生产专业化、生产规模化、生产集约化发展，特色农产品优势没有被充分利用，本该是特色优势产业，却没有发挥优势产业的作用，无法助推当地经济的发展，不能很好地契合反贫困实践道路，响应国家反贫困号召。基于这一农产品发展现状，本章拟通过“政府+龙头公司+农户”的专业化发展模式，打造滇黔桂地区公共区域山地绿色农产品品牌，突出地域品牌优势，为反贫困实践做出贡献。

充分发挥各大主体的联动作用。首先，政府出台相关政策支持农业产业的发展，简化地理标志认证审批环节，对农户的农业生产进行财政补贴，鼓励农户扩大生产规模，并且积极控制同质产品区域的生产方向，使同质产品的质量标准化，生产手段统一化，实现农户松散型向农户集约型的发展模式转变，政府积极做好后勤保障以及协调工作，使农业产业化，积极发挥其优势作用，为反贫困实践做好有力护航。其次，龙头公司发挥其龙头作用，规范产品收购标准，大力塑造区域品牌。龙头公司通过制定农产品收购相关标准，规范行业标准，并且督促生产农户依照行业标准进行农产品生产，通过此种发展模式实现产品品质标准化。不仅如此，领标企业还要专注于行业的整体长远利益，积极进行区域公共品牌塑造，为该地区对外输出优质山地绿色农产品做好品牌保障，积极深化该地区企业品牌内涵，进行品牌资产强化，使当地绿色农产品能够发挥其生态经济作用，“反哺”当地经济发展，为反贫困实践打下坚实基础。最后，农户在进行农产品生产的过程中，要规范生产手段，按照行业相关标准进行生产，强化品牌意识，建立长远利益导向，减少个人机会主义行为，进行规范化生产。

通过打造专业化发展模式、地域化发展模式提高滇黔桂地区山地绿色农产品的产品附加价值，变地区劣势产业转化为优势产业，实现农业脱贫，农业致富，为反贫困实践做出卓越的贡献。

二 "资源＋人才"集约化发展模式

滇黔桂地区农产品生产不如平原地区较为集中，农户之间相隔距离较远，由于交通不发达等原因，生产经验交流也较为贫乏，农户资源较为分散，无法将滇黔桂地区生态优势转化为经济优势，为反贫困实践添砖加瓦。基于此，本章拟提出资源集约化以及人才集约化两种发展模式助力滇黔桂地区反贫困实践，为西南地区反贫困提供实践经验。

第一，资源集约化。资源集约化，顾名思义就是将资源进行整合，创造出"1＋1＞2"的整体效果。在滇黔桂地区绿色农产品品牌塑造的过程中，我们要遵循绿色农产品资源集群以及生产技术整合两方面的资源实施该地区的反贫困发展模式。首先，大力发掘该地区优质特色绿色农产品资源，进行公共区域品牌知名度的塑造，形成绿色农产品的集群优势，打造良好的社会形象。其次，可以对各个片区的优良生产经验进行整合，总结出不同地区的生产种植技术的优劣，通过对技术优劣性的分析，得出一套较为完善的适合大众生产的种植技术，这对提高该地区的整体生产水平、产品质量都具有极大的帮助。

第二，人才集约化。即企业通过履行社会责任，提供更多就业岗位，使农村闲置劳动力发挥其最大效用，为反贫困做出一定的贡献，脱贫攻坚绝不是被动扶贫，而是要进行主动脱贫，主动摘掉贫困帽。企业通过为贫困户提供工作岗位，使贫困户自力更生，做能做的事，挣该挣的钱，贫苦户有了自主收入，贫困帽自然能摘掉。

国家在进行脱贫攻坚的过程中，要实现真正意义上的脱贫，就要保证当地产品有销路，农户有稳定收入，这样形成的良性循环才能够真正脱贫致富，资源集约化和人才集约化正是基于这样的先进理念，从根源上解决贫困，不仅要治标，还要治本。

三 “强化各级单位品牌意识＋转换营销模式”双板斧发展模式

在进行农产品品牌塑造的过程中，出产优质农产品是打造优质品牌的前提，以优质农产品为基础，继而配以多样化的宣传手段，我们才能够使产品推而广之，新兴品牌才能够打入市场，建立品牌知名度，从而加强消费者的品牌认知，强化市场认可，继而以第一产业助推西南地区反贫困脱贫攻坚实践，实现品牌扶贫，产业脱贫。滇黔桂地区由于其独特地理地貌，拥有众多优质绿色农产品资源，为滇黔桂地区山地绿色农产品品牌塑造打下了坚实的基础，近年来也在各地政府的大力支持下，实现了大批量的农产品品牌认证以及地理标志认证，创建了一批绿色农产品知名品牌，一批中小企业借助品牌春风成功上路，也提供了大量的就业岗位，为西南地区反贫困实践创造了巨大的收益。但是，由于地理资源较为分散，滇黔桂地区有一批新兴绿色农产品品牌，但是缺乏知名度较大的品牌，品牌影响力不足，品牌资产内涵不够，无法在产业发展中形成良性循环，冲劲不足，长期利益得不到保障。因此，在进行反贫困发展模式研究中，我们必须强化品牌内涵，打造高知名度品牌，结合滇黔桂地区的品牌塑造现状以及产业发展现状，本章提出“强化各级单位品牌意识＋转换营销模式”双板斧发展模式，发挥品牌塑造在反贫困中的基础性作用。

首先，强化各级单位品牌意识。品牌塑造是一个动态的过程，需要持续进行维持，一个良好的品牌需要得到消费者的认可，打入行业市场，不仅仅只能依靠产品的自身属性，产品输出的各级单位都需要加强自身品牌意识，积极进行维护以及加大宣传，强化品牌资产，延伸品牌内涵。从产品生产端，特别是生产农户以及中小生产与加工企业，更是要强化自身品牌意识，合力打造高质量品牌，不能因为贪图短期利益，而做出降低农产品附加价值，特别是机会主义行为等相关行为；从加工端，各大企业要做好农产品的对外宣传，不能仅仅局限于把关产品质量，产品宣传同样必不可少，要两头抓，多方对症下药，为打造高知名度区域公共品牌而努力；政府层面，要积极配合企业的宣传手段，鼓励并且扶持企业进行品牌宣传，为开展农博会、农业交流会开绿灯，减少审批程序，积极提供场地等措施支持企业进行品牌宣传，打造深度内涵品牌。

其次，转换营销模式。随着现代信息技术的发展，信息传播速度快，传播范围广，滇黔桂地区在利用品牌塑造进行反贫困实践模式探究中，只有打造优质农产品品牌才能发挥品牌塑造优势，为反贫困实践做出相应的贡献。因此，滇黔桂地区不能仅局限于传统的广告宣传手段以及一定的促销手段。还需要加快营销模式的转化，创造出符合消费者情感认知的、深入人心的，符合社会发展的品牌信息，利用高速的信息传播媒介进行品牌故事传播，打造优质品牌。最为典型的就是引入事件营销以及公共关系营销。滇黔桂地区各大企业寻找合适的机会进行事件赞助，加大品牌传播范围、品牌受众范围；并且积极进行公共关系营销，向消费者传达该地区绿色农产品品牌的整体“绿”形象。不仅农产品是绿色无污染的，而且企业品牌内在也是“无污染的”，所塑造的品牌不是自私的，而是积极为人民服务的。加强消费者的情感认知，促进消费者的品牌自信，从而加快品牌塑造步伐，为反贫困实践做出贡献。

实现品牌的成功塑造不仅仅是企业发展的必要条件，而且也是当地进行脱贫攻坚的有效手段，强化各级单位品牌意识以及转换营销模式是提高产品知名度，强化区域品牌塑造的有力双板斧，品牌塑造是产业发展的软实力表现，也是产业扶贫的内生动力。在反贫困实践的道路上，需要我们立足长远利益，实现优质品牌的品牌塑造，形成产业发展的优质动态循环，以农带富，以农业产业助推脱贫。

第七章 滇黔桂地区山地绿色农产品品牌效应下的反贫困模式研究

中共中央、国务院在党的十八大中明确指出继续将集中连片贫困地区作为当前政府扶贫工作的首要任务。滇黔桂地区的贫困人口能否如期脱贫，脱贫质量如何，这些都与我国全面建成小康社会的任务密切相关，各级政府必须真抓实干行动起来。就地跨云南、贵州、广西三省的滇黔桂地区而言，为了如期完成脱贫任务，必须带领贫困人民发展产业，依托产业带动经济的发展，助力脱贫攻坚。

第一节 滇黔桂地区山地绿色农产品品牌效应的理论分析

品牌作为一种标志，能够起到辨别产品和服务，从而与竞争产品相互区分的作用。而且品牌效应对于生产者来说是一种有效的推销手段，为消费者提供产品的识别信息，提高生产者的经济效益，为企业生产者树立形象。对于滇黔桂地区山地绿色农产品而言，品牌效应主要体现在通过滇黔桂地区农产品品牌，使消费者了解滇黔桂地区农产品特征、区域文化，从而能够扩大滇黔桂地区农产品品牌的市场影响力，进一步提高品牌知名度。

一　滇黔桂地区山地绿色农产品品牌效应

滇黔桂地区山地绿色农产品品牌效应体现在四个方面。第一，收益共享效应。山地绿色农产品品牌是黔滇桂地区的无形资产，如果产品宣传做得好，就能给山地绿色农产品品牌带来一定的知名度和美誉度，进一步扩大山地绿色农产品对外销售的规模，获得有利的市场份额，为拥有该地区农产品品牌的生产企业和农户带来丰厚的收益。随着消费者品牌意识的不断增强，滇黔桂地区山地绿色农产品品牌的收益共享效应能够快速表现出增值效果。第二，产业集聚效应。滇黔桂地区山地绿色农产品的发展只有达到规模效益才能实现更好的发展，因此要进一步促进农业生产企业聚集。只有农产品的生产达到了规模效应，才能凝聚力量发展生产，为市场提供充足并且高质量的农产品，提升消费者对农产品的认可度。第三，产业联动效应。当山地绿色农产品品牌知名度和美誉度得到一定认可的时候，不仅对于绿色农产品企业的规模效益提出了要求，同时也促使企业不断提升农产品生产的专业化程度。随着农产品受到消费者越来越多的青睐，在做好自身农产品销售的同时也带动相关产业的发展，例如重视农产品物流服务、仓储建设、运输、包装、加工这些产业的集聚和兴起。第四，农业经济发展推动效应。一个成功的山地绿色农产品品牌最直接的效应就是提高滇黔桂地区知名度和美誉度。拥有良好的知名度和美誉度可以吸引其他地区的企业、投资商前来投资建厂，进一步扩大该地区农产品的生产规模，产生产业集聚效应，推动滇黔桂地区农业经济的发展。

二　滇黔桂地区山地绿色农产品品牌效应的影响因素

滇黔桂地区山地绿色农产品品牌效应的影响因素体现在四个方面。第一，资源条件。资源条件是一个地区被天然赋予的宝贵资源，例如地理位置、气候条件、土壤结构、水资源、阳光等，如果得到合理的开发与利用会将资源优势转化为经济优势，有利于因地制宜开展扶贫产业。滇黔桂地区独特的地形地貌、气候条件、土壤结构等自然优势孕育了独具特色的农产品，例如云南的香蕉、甘蔗，贵州的蓝莓、蜜柚，广西的杧果、荔枝，这些拥有特色的农产品因其优质的口感给消费者留下了深刻的印象。第二，农业产业化发展程度。农业产业化需要企业和农户共同发挥作用，两者通过合理的分工与协作进行农业生产。一方面，当农户遇到种植问题时，企业会为农户提供相应的技术指导，为农户解决后顾之忧，提高了农产品种植的产出效益；另一方面，农户生产的农产品交给企业负责销售，给企业带来了丰厚的收益。这种分工与协作的农业生产模式有利于进一步扩大农业的生产规模，提升农业的专业化水平。第三，经济主体的作用。农产品要想扩大市场份额就必须做好品牌建设，但是对于滇黔桂地区农产品的品牌创建而言并非易事。滇黔桂地区农产品的品牌创建不仅需要企业为之付出努力，对于该地区的政府、行业协会而言，也要做出相应的协助。第四，营销推广。为了扩大滇黔桂地区山地绿色农产品品牌的影响力，需要进行必要的营销推广策略。首先要积极进行市场调研，为滇黔桂地区山地绿色农产品品牌选择合适的定位。其次要积极参加全国各地举办的农产品展销会，积极开展农事节庆活动，借助电视和新媒体广告来进行产品推广，打响山地绿色农产品品牌的知名度；同时，政府也应该发挥带头作用，通过举办各种形式的品牌推介活动来宣传产品，提升滇黔桂地区农产品的品牌效应。最后可以通过电子商务平台，直播带货这一新兴的商业业态扩大农产品的销售渠道，扩大农产品品牌的声誉和知名度。

第二节　滇黔桂地区山地绿色农产品品牌效应下的反贫困模式

一　实施品牌战略，引进品牌龙头企业带动贫困户增收

品牌战略的实施首先需要选择适合本地、突出当地特色的产品，然后借助品牌龙头企业的影响力和专业化，通过特色农产品的规模

化生产激励贫困户劳动致富，为促进滇黔桂地区贫困人口摆脱贫困的面貌，过上幸福美好的生活，决胜全面建成小康社会作出贡献。

2018 年，贵州省清镇市新店镇为了积极响应脱贫攻坚口号，制订了相应的脱贫指导规划。清镇市政府凭借当地优越的自然环境和地理区位条件，积极调整农业产业结构，努力打造“一品一业”脱贫发展模式，通过引进贵州泓黔农业科技发展有限公司这一龙头企业，选择辣椒作物作为该镇的脱贫致富产业。同时，该地区也积极探寻“龙头企业 +”的发展模式，建立辣椒种植基地，并且成立专业的辣椒生产合作社，鼓励农户积极参与其中，一起做好辣椒的种植。公司负责为当地的辣椒种植提供种子和技术指导，同时为辣椒的销售做好市场对接，合作社主要进行辣椒种植、看护管理和采摘。农户既可以在合作社和辣椒基地做工获得一定的收入，还可以通过入股份得到一定的红利，小小的辣椒为当地的农户带来了丰厚的收益。

广西壮族自治区百色市田东县依托资源优势和区域优势，立足传统产业并且结合市场需求，把杧果产业作为特色产业发展的引擎和引领农民脱贫致富的“金钥匙”。该地区为进一步推动杧果产业的转型升级，尝试开展农业发展的新模式，通过龙头企业带头，合作社、基地和农户互助合作发展杧果产业，目前已经成立了杧果专业合作社，并且重点培育出几处具有规模效益的杧果产业示范基地，在一定程度上促进了田东地区杧果产业的集群发展。在发展杧果产业的同时，该地区也开始注重杧果品牌的建设，先后培育并注册了 28 个杧果品牌商标，并获得绿色认证。田东县杧果产业的大发展，带动了周边的贫困村依靠种植杧果脱贫致富。

云南省寻甸县积极响应产业扶贫、产业脱贫号召，通过引进云南呼济呱农业科技有限公司这一龙头企业，指导当地发展特色香瓜的生产种植，并且带领农户建成特色香瓜种植基地，达到规模化种植。同时在党支部的引领下，依托公司指导，带动贫困户进行农业生产。公司为农户提供香瓜种植的技术指导，待到香瓜成熟时，公司负责按一定价格收购香瓜，再对香瓜进行统一销售，这一种植模式极大地调动了农户的生产积极性。目前，该县在三个社区已经建成200余亩的香瓜基地，云南呼济呱农业科技有限公司带动了当地贫困户增收，为贫困户带来了脱贫的信心。

二　优化品牌营销手段，提升产品销售力

随着我国网络通信技术的飞速发展，消费者越来越多地依赖网络购物这一消费方式，品牌营销也有了新的渠道和内容。贫困地区特色农产品通过互联网这一传播渠道，能够快速提高农产品的市场影响力，对增强产品的认知度，增加农产品销量，带动贫困户脱贫致富具有十分重要的影响。广西柳州市融安县发展金橘种植历史悠久，为积极开展脱贫攻坚工作，融安县政府实施金橘产业扶贫模式，坚定“创品牌、促销售、助脱贫”的发展思路，积极打造以金橘产业为核心的特色农业产业支柱。为了扩大农产品的销路，积极做好农产品的产销对接这一关键环节，融安县通过举办金橘高峰论坛和金橘文化旅游节等大型推介活动向全国大众宣传推广农产品。同时利用淘宝、抖音等新媒体进行线上直播和推广，吸引媒体受众对农产品的关注度和好感度，树立起良好的品牌形象。例如该县在天猫、京东等平台开设“壮妹直播卖金橘”“山货上头条”专场销售活动，掀起“村播”热潮，通过抖音、今日头条等短视频渠道向全国人民推荐分享融安金橘等。此外，融安县还积极打造市级龙头电商企业，成功在抖音平台建立了拥有千万粉丝的内容团队，形成平台电商、短视频直播电商等多元化的电商发展格局，培育出“橘乡里”“果蔬姐妹”等较为出名的电商品牌。

贵州省黔东南三穗县以“黔货出山”为脱贫理念，为顺应电商业态的发展潮流，提升三穗县农特产品的市场影响力和竞争水平。该县积极加入农特产品线上销售行列，通过引进贝店科技这一龙头企业，全力打造三穗县农特产品的线上销售渠道。目前已经实现三穗麻鸭蛋、蓝莓酒等农特产品的线上销售。在做好线上销售的同时，三穗县政府还主动拓宽县下农特产品的销售渠道，通过联合举

办多场农特产品推介会，积极参加农业贸易博览会等来推广三穗县的优质农特产品，持续为提升三穗农特产品品牌的影响力作出努力。

贵州省荔波县拥有着优越的生态资源，当地政府带领农户积极发展蜜柚产业。为了让荔波蜜柚走向更广大的市场，荔波县牢牢坚守生态保护理念，结合“一乡一特、一村一品”扶贫发展思路，在党支部的带领下成立蜜柚专业合作社，负责组织蜜柚的包装、运输和销售的任务。为了积极建立良好的合作关系，荔波县建立蜜柚集散中心，从而进一步加强和各大水果批发市场、销售商之间的沟通联系，同时也帮助荔波蜜柚开拓了更广泛的销售渠道。另外，近年来荔波蜜柚也积极参与到全国各地的展销会活动当中，向全国各地宣传推广蜜柚等农特产品，进一步增加了荔波蜜柚的销售量，为荔波当地的农户拓宽了致富道路。为了顺应电商业态发展的潮流，积极搭乘电商销售的便车，荔波县通过电商平台这一销售渠道积极推进农特产品的品牌打造和农产品销售工作中去，为农户拓展了电商销售的致富道路。

三　强化品牌延伸，构建高效的产业链，促进产业转型升级

农产品品牌打造不是单一品牌形成的过程，它还涵盖农产品生产整个产业链的各个环节。因此，在一个农产品产业环节形成品牌后，还需要围绕这个环节扩展到整个产业链，这样才能实现特色农业的转型升级。农业的转型升级不仅能够防止经济结构的单一化，降低种植风险，增加经济的稳定性，还能够加强主导产业与经济的关联性，从而有效地带动地区经济发展。

云南省怒江州把以草果为主的绿色香料产业作为该地区重要的脱贫项目，为了提升草果产业的附加价值和经济效益，当地政府大力优化利益联结机制，积极地打造和培育草果采购、生产加工、销售服务等环节。目前，怒江州有6家草果生产龙头企业达到规模化，同时已经建成了面积约108万亩的全国草果核心主产区。同时采取“企业+扶贫车间+贫困户+非遗传承”模式，引进新的非遗编织

技艺，通过扶贫加工车间进行草果叶、草果秆编织的精细加工，拓宽了该地区贫困户就业以及脱贫增收的道路。

为了提高脱贫攻坚的效率，进一步提升草果产业的经济效益，怒江州开始加强投入研发力度，成立草果产业发展研究所，同时积极与省内高校、农业科研所和企业进行对接，着力开发“草果 +”系列新产品。积极强化品牌创建，构建以草果为核心的产、学、研精深加工平台。当前已经建成了以草果为主的农副产品加工交易中心，草果蔬菜、叶鞘工艺品编织、手工皂制作、精油、香水、面膜、果酱、糕点、混合香料等产品研发有力推进，已开发出50种“怒江草果宴”菜品。

贵州省三都水族自治县为了进一步提高茶叶产业经济效益，扩大市场影响力，积极推进茶叶产业的升级，为茶农开展形式多样的农业技术培训，对促进茶农增收，助推脱贫攻坚具有深刻的意义。三都县三合街道拉揽村结合村里实际情况成立培训机构，为拉揽村贫困户进行茶叶加工实用技能培训。茶叶加工技能培训机构由农技中心、村委会、驻村工作组、茶叶合作社共同组成。其中，农技中心主要负责整理和制作茶叶技能培训的相关资料、与授课教师做好沟通；村委会和驻村工作组主要负责鼓励和组织茶农参加技能培训；合作社负责后勤保障，例如，为大家提供合适的培训场所。授课老师通过理论和实践相结合的方法为茶农提供技术指导，通过技能培训，使茶农能够基本掌握茶叶初级加工技能，改变单纯出售茶青的销售模式，进一步延长了茶产业链，提高茶产业经济增收水平，极大地增强了茶农发展茶产业的信心。

四　借助品牌价值带动旅游等产业发展，提升脱贫攻坚效果

广西柳州市三江县布央村自大力发展茶叶种植以来，经过布央人民的辛勤努力，布央村成为广西有名的“侗茶村”，茶叶品牌已经走出国门，远销海外。为了进一步做好扶贫工作，打赢三江县布央村的脱贫攻坚战，布央村在党支部的带领下，通过土地流转、集体管理开始探寻茶旅融合发展的致富道路。目前，布央村仙人山已

经被成功地打造成了国家4A级景区，每年吸引大量游客来仙人山赏茶观景。此外，随着国内旅游业的蓬勃发展，布央村又积极打造了一条民族特色商品交易长廊，进一步壮大布央村的各项产业，实现了布央人在家门口就业致富的愿望。

贵州省铜仁市石阡县依托当地的自然资源优势，把粮油产业作为自己的扶贫发展项目，将粮油产品生产优势转化为市场优势，给当地村民带来了致富的福音。石阡县聚凤乡将油茶产业作为带领村民致富脱贫的重要产业，油茶产业园区得到了省级认证。同时，该乡积极探索多元致富模式，以油茶产业为基础，成功打造出农旅融合的油茶产业园和乡村旅游景点。聚凤乡党委政府立足当地油茶资源的优势，结合“四在农家，美丽乡村”发展思路，打造以春、夏、秋、冬四季休闲娱乐为一体的慢生活体验。

第三节　反贫困模式评价指标体系的设计

一　反贫困模式评价指标体系的设计的原则

贫困作为反映地区发展状况的一种社会现象，具有丰富的内涵。一方面它不仅包含外在的居住条件问题、饮水问题、医疗卫生问题等情况；另一方面还包括受教育程度低、思想落后等情况。因此，要想全面描述一个地区的反贫困效果就必须设计一个科学、有效的评价指标体系，一般情况下要遵循以下原则。

（一）全面性原则

由于贫困展现出来的是一种综合性现象，不仅包括物质生活水平低下，教育水平落后，还包括自然环境恶劣、基础设施落后、资源匮乏、文化生活落后等状况。因此，评价一个地区脱贫效果是否显著，不仅要看重收入水平这一指标，还要注重生活环境和生活质量是否得到提升，必须从一个全面的角度去评价反贫困效果。因此，一套完整、科学的反贫困指标评价体系要能够综合地反映出反贫困状况的各个方面。

（二）科学性原则

反贫困评价指标体系应该有客观性，能够真实反映该地区反贫困的状况。反贫困评价指标含义要界定清晰，同时要能够满足计算的要求，做到量化处理；指标数据来源要做到科学、准确，数据的处理方法要有充分的依据；反贫困评价指标要全面、综合反映贫困地区的各个方面，并且各指标之间应当相互独立，不互为交叉，具有一定的层次性。

（三）动态性原则

反贫困是一个动态的过程，反映反贫困效果的指标评价也要随着社会经济发展状况不断地进行调整。因为我国社会发展的进程总是不断地向好的方面发展，社会经济发展的阶段不同，对于反贫困效果的测量标准是不一样的，它是一个动态变化的过程。因此，需要我们根据社会的发展变化，用发展的眼光去设计反贫困效果指标评价体系。

二　反贫困模式评价指标体系的设计分析

根据我国政府出台的《扶贫纲要》规定：2020 年我国农村各地区贫困人口实现脱贫的基本标准遵循是“两不愁、三保障”，各级政府把农村贫困人口精准脱贫原则这一标准作为脱贫攻坚的行动指南。

（一）基本框架

区域性反贫困指标评价体系要能够全面反映和测量该地区反贫困的效果，因此它的评价对象是由多个主体构成的。根据我国反贫困的实践以及和专家学者的研究成果，可以通过三类指标来对我国区域反贫困的状况进行描述和评价，如图 7 – 1 所示。

（二）指标的脱贫标准

（1）农民人均纯收入为 4000 元。目前，我国是根据农民人均纯收入作为脱贫标准的，随着我国经济不断向好的一面发展，不同时期农民的人均纯收入也是有所变化的。2010 年，我国的脱贫标准

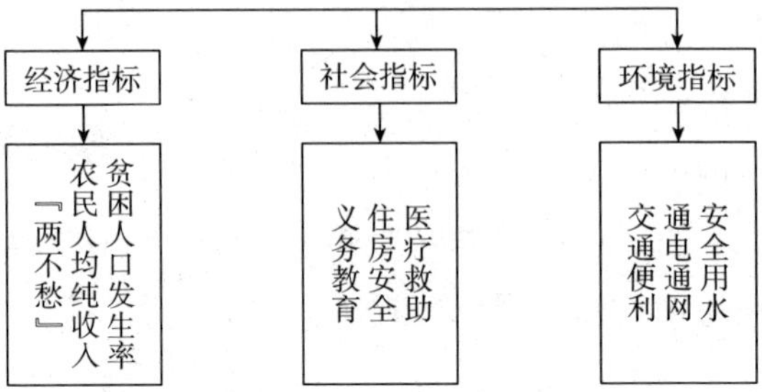

图7－1　我国区域反贫困状况评价指标

是以农民人均纯收入2300元为界限，根据物价水平的影响，以后每年的脱贫标准会重新计算，到2020年这一脱贫标准为农民人均纯收入4000元。

（2）贫困发生率低于3%。贫困发生率是判断一个地区是否脱贫的又一个指标，当一个贫困村的贫困人口数量占据该村的常住人口数量的百分比低于3%时，这个村就达到了脱贫的标准。

（3）两不愁即不愁吃、不愁穿。这一标准是指贫困家庭成员不为吃穿发愁，家有粮食充裕或者是有钱购买粮食，所有家庭成员一年四季有衣服替换，能够满足日常的生活需求。

（4）完善的医疗救助体系。贫困地区的医疗救助要有量化的标准，综合来说，该地区新型农村合作医疗参合率要达到98%以上。同时在此基础上，当地卫健委要加大医疗救助力度，逐步提高医疗救助标准，使贫困人口能够享有均等的基本医疗卫生服务。

（5）教育水平。对于贫困地区的学龄儿童而言，要能够自觉主动接受九年义务教育，同时要积极响应国家出台的“两免一补”和“营养餐”教育资助政策，给儿童正常学习和健康成长带来保障，杜绝因为贫困而造成辍学的情况发生。

（6）住房安全。贫困人口要有安全稳固的居住场所，根据国家出台的标准人均住房面积最少约为25平方米。同时，对于农户自建、危房改造、易地扶贫搬迁三种类别的住房也有相应的验收标准，达到这一标准即为合格。

（7）饮水工程作为人民日常生产活动有序进行的关键，必须有效地落实好，对于贫困地区来说，水资源不丰富的情况下也要保证人口的用水量，同时供水到户或居民取水要方便，水质要符合饮水安全的有关规定。

（8）通电通网，交通便利。对于贫困地区而言，基本公共服务主要指标要按照规定落实好。对于交通而言，村村通公路要得到落实，便利的交通有利于村民的日常生产活动。农村电网的安全有保障，电信信号通畅，通信设备能够接通互联网。

反贫困评价指标体系是一种动态的评价体系，随着社会发展的进程而不断做出改变。在决胜全面建成小康社会阶段，贫困地区各级政府要按照我国《扶贫纲要》的经济指标和脱贫标准，做到精准扶贫，帮助农村贫困户顺利脱贫，贫困村“摘帽”。

第四节　滇黔桂地区山地绿色农产品品牌效应下的反贫困模式实施路径

一　强化优质基础设施的供给

基础设施作为区域发展的硬件要求，落后的基础设施条件严重制约滇黔桂地区山地绿色农产品的发展，只有不断强化基础设施的供给，改善滇黔桂地区的生产生活条件，才能使滇黔桂地区的产业进一步得到发展。

第一，做好滇黔桂地区的交通建设。俗话说“要想富，先修路”，目前滇黔桂地区整体来说道路交通状况较差，甚至有些偏远的乡村还没有通公路，在这种条件下就会对滇黔桂地区特色农产品的运输带来挑战。做好滇黔桂地区的公路基础设施建设，要结合当地地理条件和交通需求，实现村村通公路的发展目标。贵州省石阡县立足野生油茶丰富的优势，建立现代生态油茶示范园区，同时在配套设施上发力，修建长达22千米的产业路，改变了以前采摘油茶果靠肩挑背扛的方式，现在农用车直接开到油茶林边上，大大提高了运输效率。

第二，解决水利问题。滇黔桂地区的主要特征表现为生态环境比较脆弱，土地涵养水分能力不足。干旱是制约农产品产量提高的最大障碍，因此要积极改善灌溉条件，做好水利基础设施建设，为滇黔桂地区山地绿色农产品的生产做好基础保障。贵州省铜仁市石阡县为了做好当地村民的饮水建设，积极地进行水利开发、作物灌溉等建设工程，改善了当地水资源分布不均的状况，为当地人民安全用水提供了保障。

二　促进第一、第二、第三产业融合发展，拓宽贫困户增收渠道

特色农产品产业的发展壮大不能只停留在第一产业上，在做好第一产业的同时要积极参与到第二、第三产业的发展中去，提高农民收入和就业能力。这就要求在经济的发展中注重把产业链连贯起来，在加快山地绿色农产品的深加工以及相关加工企业发展的同时，要注意探索与其他产业的同步发展，为农户脱贫增收带来新的机会。

广西壮族自治区河城市金城江区在大力发挥产业优势的同时，也积极探索乡村旅游的发展模式，给当地带来新的经济增长点。当地政府按照“布局规模化、生产标准化、资源利用合理化”的工作思路，牢牢抓住珍珠岩旅游发展的机遇，积极打造“珍珠岩生态旅游养生基地”，养生基地设有岩洞观光游览区、高科技生态农业基地、能源科技展览区、户外拓展体验营、亲水休闲体验区、民俗风情文化村、养生基地、原生态农家乐，为游客带来八大旅游体验，实现了乡旅融合、共同发展。

贵州省荔波县在发展蜜柚产业的同时，把全域旅游作为自己的发展定位。在做好景区开发的同时更加注重旅游服务的质量，努力打造集休闲、度假和体验为一体的贵州旅游名片。在做好全域旅游

发展的过程中，荔波目前已经初步形成春、夏、秋、冬不同休闲体验的旅游品牌体系。

三　构建高效的产业链，促进产业集群

滇黔桂地区大多数农户居住地和耕地相对分散，难以进行农产品大规模种植，而且由农户分散种植提供的产品会因为品种、质量和规格等方面的原因不能够满足生产加工的条件。因此，在滇黔桂地区，构建和延长高效的产业链条、做好农产品相关的加工工作非常重要。通过延长农产品的产业链，不但有利于增加经济的稳定性，改变低收益高风险的局面，还能增强它对滇黔桂地区关联性经济的带动作用。

贵州省石阡县聚凤乡以油茶产业为基础，建设高效生态油茶示范园区，努力打造成集农旅休闲于一体的油茶产业园，并把它作为乡村旅游的特色景点。为了提高油茶的产量，该乡成立了贵州聚龙油业有限公司，购置精炼油的全自动化生产线以及相应的配套设施，来进行油茶脱壳、烘干、压榨、精炼、灌装和包装，通过引进精炼加工技术，延长油茶产业链，利用多种渠道增加群众收入。

云南省寻甸县积极发展肉牛产业，为了进一步做好产销对接，寻甸县政府积极探寻产业链发展模式，通过龙头企业带动，发展集肉牛养殖、加工、营销、餐饮于一体的发展模式。同时，寻甸县政府按照“党支部+龙头企业+基地+贫困户”的发展模式，通过培育农民专业合作组织以及带动养殖企业发展养殖，逐步推动肉牛养殖由传统农户分散饲养向现代规模饲养转变，提升了肉牛生产的专业化程度。

四　加强对龙头企业的培育和资金扶持

龙头企业作为体现滇黔桂地区主导产业的标志和产业发展的关键，必须要重点培育和发展。首先，滇黔桂地区当地各级政府可以根据该地区农产品的特点，在农产品生产的各个环节重点培育出一批容易达到规模经济的龙头企业，以此来发挥它们在滇黔桂地区山地绿色农产品发展中的带头作用。近年来，滇黔桂地区通过龙头企

业、农业专业合作社和贫困户三个主体的相互作用，已经形成企业、基地和贫困户联动发展的互动机制，对于促进滇黔桂地区依托资源优势发展产业，促进经济增长具有十分重要的意义。其次，对于滇黔桂地区各级政府来说，要加大对龙头企业的培育和扶持力度，在税收、市场融资、技能培训、基础设施建设等方面提供更多的支持。要鼓励吸引民间资本发展农业产业，政府财政资金要适度向龙头企业倾斜；可以采用贴息的方式帮助资信良好的龙头企业从金融机构贷款，以便将这部分资金用于农产品的收购以及日常的生产经营活动；可以通过设立专门的农业产业化基金用于对农户的技术培训，农产品的开发和引进。同时有关技术、研究部门要积极向龙头企业提供技术服务和支持。

五　建立产业发展的政策保障

滇黔桂地区经济发展离不开政策，政策是区域发展的保障。多年以来，通过各个欠发达地区的发展经验表明，政府的政策和制度安排对区域经济的发展有至关重要的作用。滇黔桂地区山地绿色农产品及相关产业要想获得良好的发展，实现产业带动地区脱贫，各级政府部门必须采取一系列政策措施，为滇黔桂地区山地绿色农产品发展提供必要的政策保障。

第一，要创新金融制度。金融机构要为贫困户和企业提供优质的服务，目前金融机构广泛存在服务弱化的现象，这给贫困户和企业进行生产、发展产业带来一定的阻碍。因此，滇黔桂地区政府首先应该在该地区的金融制度上进行创新，这样才能有效地盘活该地区主导产业的建设主体。滇黔桂地区政府要建立和完善相应的金融机构，完善的金融机构和优质的金融服务对滇黔桂地区特色农产品产业的发展都起着重要的作用。首先，要积极引导银行机构支持滇黔桂地区的建设，给滇黔桂地区的企业和农民提供优先贷款的服务。其次，为大力支持滇黔桂地区产业发展，要扩大银行等金融机构的服务范围，确保地区产业能够顺利发展。最后，滇黔桂地区要积极推广农村信用小额信贷服务，给贫困户农业生产带来便利，以解燃眉之急。

第二，要健全风险管控体系。滇黔桂地区山地绿色农产品发展需要政府提供一定的财政支持，同时还需要健全风险管控体系，完善金融市场服务。为了提高贫困户脱贫的积极性，同时避免因资金短缺而阻碍脱贫的脚步，地方政府要加强和完善农业贷款的相关政策，简化担保流程，给贫困户的贷款提供便利。另外，由于民间小型的金融机构抵御市场风险能力较弱，不利于金融市场的稳定，为了保证农村金融机构有序健康发展，政府部门要在积极完善民间融资的检测体系的同时做好监管工作。为避免由于自然灾害对农户造成的重大损失，打击农户参与脱贫的积极性，政府部门要加强完善农业保险制度，积极发展利益风险联合机制和产销联系机制，在一定程度上把龙头企业和农民的自然风险降到最低。

第三，健全市场体制和完善相应的法律制度。发展滞后的市场体系严重制约着滇黔桂地区的产业发展，因此滇黔桂地区要积极培育和发展生产要素市场，加强农副产品批发市场的建设，给市场带来更多的活力。同时也要注重完善法律制度，搭建良好的信息沟通平台，明晰产权制度，有效发挥市场机制。

六　提高山地绿色农产品持续发展的内生动力

（一）增强滇黔桂地区软实力

做好滇黔桂地区文化软实力建设，必须将社会主义核心价值观融入脱贫攻坚的全过程中，因为只有滇黔桂地区的贫困人民拥有积极向上的精神风貌，才能自觉投入到脱贫攻坚的任务中，才能从根本上解决贫困问题，提高脱贫攻坚的效率。为了培养村民的自主学习意识，营造学习农业知识、农业技术的氛围，可以在滇黔桂的农村地区建设图书阅览室、农业技术培训室、文化广场等基础设施，积极鼓励农民通过学习提高思想觉悟和生产技术水平。同时农村基层党组织要积极开展精神文明建设活动，通过制定村规民约规范引导村民的行为，要注重表彰先进个人，充分发挥模范带头作用，提倡新理念，破除旧习俗，消除村民消极的贫困文化意识，变被动为主动地投入到脱贫任务中。广西壮族自治区百色市田东县通过创新开展“一票赞成”的新举措，使在脱贫攻坚工作中做出突出贡献的人才脱颖而出，树立榜样来带动村民脱贫的积极性。田东县政府通过党员干部带头，面向群众开展扶贫工作，根据贫困人口的致贫原因和国家出台的扶贫政策，促使贫困人口由“要我脱贫”向“我要脱贫”转变。

（二）鼓励贫困户参与反贫困

滇黔桂地区的脱贫关键在贫困人口的积极参与，如果贫困户参与度不高，那么脱贫攻坚的效率就会降低。只有通过贫困户的积极参与，在参与当中提高自身的能力，才能改变自身的弱势地位。

首先，激发贫困户脱贫的主体意识。政府扶贫的主要目的是带领贫困户走出贫困，走向富裕。但扶贫不仅仅是政府自己的工作，贫困户自身在其中也扮演着重要的角色，贫困户是否具有脱贫积极性，是否能够自觉参与到扶贫工作中去，很大程度上关系到脱贫的效率。因此，贫困户要树立脱贫的主体意识，认识到自身在脱贫过程中发挥的重要作用。

其次，加强滇黔桂地区人力资源的培养，提高贫困户的自我发展能力。政府应该加大对滇黔桂地区人力资本的投资，落实好九年义务教育工作，提高职业培训水平。同时，可以通过提供良好的工作环境、调整相关的人才政策来吸引和留住优秀人才。

最后，提高农村老人、妇女和儿童等弱势群体在扶贫工作中的地位，关心弱势群体的精神生活。政府与社会扶贫组织在协助贫困户发展、注重提升能力的同时又不能忽略弱势群体的存在。因此要积极落实国家出台的各类补助政策，例如对于贫困子女义务教育阶段提供的各类补助，切实做好扶贫惠农工作。

第八章

滇黔桂地区山地绿色农产品品牌延伸及反贫困模式研究

针对滇黔桂地区山地绿色农产品品牌延伸现状，结合农产品品牌延伸战略理论，总结出山地绿色农产品品牌延伸战略的实施或延伸策略，得出一些滇黔桂山地绿色农产品品牌延伸的启示，这对解决滇黔桂地区山地绿色农产品品牌延伸以及反贫困模式的研究提供了新的出路。

第一节 农产品品牌延伸战略理论

品牌延伸战略理论是战略管理理论与品牌战略理论相结合的一个产物，属于王仕卿、韩福荣总结的品牌理论发展阶段的第五步骤。赵兴泉和朱勇军（2006）认为，品牌战略是“在市场经济中，企业或组织通过全方位的文化资源和经济整合起来，目的是把产品或服务作为载体，把增加产品的不一致性和产品自身的特色作为重点，努力在社会上建立起品牌的肯定和认知，以此找到大份量利润和竞争中优势的经营战略”。这里需要说明的是，品牌战略是不同于战术措施的，品牌战略可以更加全面地考虑到影响企业品牌战略的社会宏观因素和微观因素，并且还需要及时找到在面临难题时的转变和适应方法。与此同时，也要更加重视品牌战略的不可复制性和差异性以及长期核心竞争力的形成。从企业模式上为品牌战略理论定义，而并不是关注于一些小小的细节。我们认为，这对尚未完全融入我国农业的品牌和大体上的国情都是有很大好处的，也是很有必要性的。而山地绿色农产品品牌延伸就是利用现有的滇黔桂地区的山地绿色农产品品牌名，进而开发新的产品领域，开发出除了初级农作物之外的新农产品或者加工产品和周边产品。

农产品品牌延伸是生产经营者用过去的品牌来投资生产的新产品。品牌延伸一共有两种途径（方法）：一是产品线的扩充，也就是通过开发增加新的产品项目的形式来延伸产品线。二是产品质量的延伸，这种延伸可分为向上延伸，向下延伸和双向延伸，是指山区绿色农产品的生产者和经营者用新产品的原产品推出不同档次，每位消费者的需求都不一样，我们的目的就是满足不同消费者的不同需求。

延伸农产品品牌要从以下三点出发，首先是依靠自身的资源，其次是依靠当地的源头优势，最后我们要对应市场的需求。如果企业已经具备了充足的资金，市场推广能力和技术支持，并且滇黔桂山地地区有充足的农业资源和生产量，那么我们可以从市场需求的角度来适当地延伸农业品牌。比如在我国，每个地方的人口味和饮食习惯都不太一样，那么我们就可以根据这一特点，在进行品牌延伸时来满足每个地区人们的差异。还有就是农产品品牌在进行跨行业延伸时，一定要慎重考虑其可行性，因为这个行业很有特色。

品牌延伸战略是品牌战略理论的重要组成部分。在山区绿色农产品品牌延伸战略的现实意义上，国内学者大多数都有着相同性质的意见，下面就列出了各位学者和专家的具体看法，笔者一共整理和归纳为四点：

第一，山地绿色农产品品牌延伸能够有效地规避农产品一部分的市场风险。一方面，品牌延伸后的农产品附加值会更高，能有效地增加农民的农业收入。另一方面，绿色山区农产品品牌的延伸可以有稳定的销售量，可以保持畅通的销售渠道。此外，农业品牌的延伸将有助于未来的订单农业发展，使农民创造更多的收入（张萍等，2006；张蓓和张光辉，2006）。

例如，我国大蒜价格在2017年连续三年涨价之后骤降。过去云南的大蒜每千克最高能卖8.5元，而2020年的最低价每千克只卖0.8元；独蒜去年每千克最高16元，2020年的价格每千克只要6元。据云南省农业厅的数据显示，大理、丽江、怒江等大蒜产区滞销量超过10万吨。在如此严峻的形势下，山地绿色农产品品牌延伸就能很好地解决这种滞销问题，通过加工原有的大蒜，在大蒜的其他产品品类领域里进行售卖。

第二，农产品品牌延伸可以很大程度上提高农产品在市场中的竞争力。张萍（2006）等认为，如果只靠卖农产品的话，在目前的社会形势下，已经不能满足扩大后的市场要求了，那么我们必须采取品牌延伸的重要举措来占领其市场份额。曾伟球（2006）也表示，我国的农产品即将会进入真正的“品牌时代”市场。

第三，山区绿色农产品品牌延伸可以提高农产品的让渡价值，降低消费者的购买风险。焦伟伟和刘洁（2006）认为，农产品品牌延伸可以绝对保证产品的质量，对企业信誉和品牌做出承诺，品牌可以作为顾客购买的衡量标准，除质量外，例如风味、口感等指标也可以有相应的借鉴。比如“红富士”苹果是我们都熟知的，它的本身已经成为一种良好品质和爽脆口感的象征。

第四，山地绿色农产品的品牌延伸是现代农业产业化发展的刚需。顾瑛（2002）认为，必须以打造名牌为一个立足点，注重品牌高质量、高品质产品的延伸，农业产业化经营才能有能力抵抗国外农产品带来的市场冲击。她还提出了深入发展农产品产业化与农产品品牌延伸计划的关系。她认为，只有让品牌产品进行高质量的延伸，才能产生巨大的利润空间，实现互利共赢的局面；农业产业化才会是动态的。王晓明（2004）指出，品牌延伸不仅增强了品牌活力，还降低了新产品导入市场的成本，拓展品牌含义，降低顾客对新产品产生怀疑度风险等好处。

滇黔桂地区山地绿色农产品品牌延伸存在一定的风险，品牌延伸有其独特的营销能力。但也不是所有的品牌都可以进行品牌延伸，品牌延伸都是有相对应的条件。范宁和韩静（2005）指出，品牌延伸一共有三个必备的条件：一是产品延伸与原产品必须具有一定的关联性；二是品牌必须具有强烈的品牌内涵；三是品牌延伸应有助于核心品牌的发展，能够增强其主要文化内涵。如果品牌延伸没有满足上述的条件，延伸就会有概率失败，综合李冉和周波（2006）、罗颖（2005）等学者分析品牌延伸所得出的观点来看，风险主要体现在以下四个方面：

第一，产品“株连效应”，即所谓的“城门失火，殃及池鱼”，指的是某个新产品或产品领域如果出问题的话就会让整个企业的品牌形象受到损伤。例如，20 世纪雀巢婴儿配方奶粉因产品质量问题在 9 个国家引发了长达 7 年的抵制。尽管雀巢婴儿奶粉仅占总业务的 3% 左右，但由此产生的客户对所有雀巢品牌产品都提出了质疑产品的态度，其所产生的负面影响对该品牌的打击是相当重大的。

第二，“品牌淡化效应”，随着新产品的腾空出世，也会有新类别产品生产出来，会使品牌定位产生偏移，品牌之前的个性形象会被变化和一定程度的稀释。例如，把“茅台”从白酒延伸到红酒、啤酒，就会对这个品牌定位产生很大的影响，因为“茅台”是以其独特的地理环境和独特的配方酿制出白酒，多年间一直占据“国酒”的地位，是我国高档白酒的代表和象征，但如果把这个品牌产品延伸出红酒、啤酒等，则一定是“稀释”了“茅台”国酒品牌的影响力。

第三，“跷跷板效应”，描述了品牌延伸之后的产品和原产品在消费者心目中的定位的升降变化，如果消费者可以自发地把对品牌的心理定位从强势的原产品转移到新产品上，那么原产品在消费者心目中的地位肯定会慢慢地减弱。如果公司采取这样的品牌延伸，利用原品牌的影响力，转移了品牌原来忠实客户的消费注意力，是会在新延伸品牌上取得一定的成功的，但同时也削弱了原来品牌强势产品的影响力，最终将会是得不偿失的境地。比如美国原腌菜品牌，后来，这个企业把“Heinz”品牌延伸到了番茄酱市场，虽然这次的品牌延伸取得了成功，但糟糕的是，腌菜市场上“Vlasic”取代了“Heinz”，从此，这个品牌也痛失了在腌菜市场上拥有的第一品牌的优势。当然这也给这个品牌企业带来了巨大的损失，因为品牌优势被取代，导致多年来积累的客户量与人气度都化作了乌有，这给企业带来经济上的损失也是非常巨大的。将这个品牌延伸到番茄酱市场，只是表面上成功了，实质上，不仅影响了品牌的受欢迎程度，而且让信誉度也随之降低，也影响了众多农户的收益。

第四，心理冲突效应，企业扩大强势品牌与原有市场相悖或相关性在产品中特别低，不仅不符合品牌个性和原有定位，还会造成消费者对品牌感受的心理冲突。

在关于品牌延伸的文献中，众多学者都提到了三个决定品牌延伸是否成功的关键性因素，即延伸产品的强势度、原始品牌的强势性和原始品牌与延伸产品的相关性。其中，比较有综合性的是世富（2007）的观点，他认为产品实力的延伸需要从三个方面扩大产品市场容量，市场竞争和产品生命周期，原有品牌的强势度需考察消费者对品牌的知名度、美誉度和忠诚度。但原有品牌与延伸产品的关联性主要包括目标市场关联、渠道关联和技术关联三个方面。从这不难看出，延伸产品是原有产品的衍生品，不是替代品也不是次品，而是好的产品，能够让原有品牌更加有质感、更加丰富。

第二节　山地绿色农产品品牌延伸战略的实施或延伸策略

一　抓好精准的市场调研，找准延伸品牌的市场定位

新产品是为消费者服务的，滇黔桂地区山地绿色农产品品牌的延伸方向是由消费者和市场来决定的。所以，品牌延伸要想取得成功，就必须要进行相应的精准的市场调研，在精准调研的基础上，

要做好利与害的分析取舍，最好做到“趋利避害”，最终才能够找准品牌延伸的精准的市场定位。例如，定位不准的派克钢笔，有一段时间选择进入低端笔市场，才导致业务转型失败，派克于2000年被纽威尔集团收购，并决定重建派克的“高、大、上”形象。他们选择了在2002年庆祝伊丽莎白二世登基50周年的机会，以启动“派克世纪女王笔”，采取限量版的形式，全球限量发行2500支，让派克钢笔重回巅峰，成为“皇帝的钢笔，钢笔的皇帝”。正是由于派克钢笔的这一定位，重塑了派克钢笔尊贵、高档、体面的品牌质感，迅速成为正在快速崛起的中产阶层所喜爱和渴望拥有的品牌产品。再如，我国具有千年老字号品牌的景德镇陶瓷在市场竞争中被屡屡败退，其中一个相当重要的原因就是对品牌的延伸决定定位不准确，而且企业也没有深入景德镇陶瓷行业品牌延伸的市场调研，一直停留在唯我独尊的优越感上，不分析市场就做决定，这样做出的品牌延伸可以说是很难成功的，甚至还会导致整体品牌的消沉和衰败，把消费者心中的好感都消耗殆尽。

二　准确把握品牌延伸的尺度，适度有序地推进品牌延伸

品牌延伸是在原品牌的核心要素下推出的新产品，这就要求品牌延伸需要与原品牌有较为紧密的关联度，所以，在品牌延伸的过程中，要把好一个“度”，根据市场的需求情况，适量、有秩序地去往前推，切忌盲目扩张，造成过度、过快、过滥，从而影响品牌延伸的成功率。例如，同仁堂计划进军饮料市场作为品牌延伸，在2016年3月，同仁堂玛咖乌龙茶和同仁堂凉茶强力问世，但在几个月后，等到了饮料销售的最旺季，企业才发现同仁堂这两款产品的销售量特别不好。究其原因，同仁堂是中药企业的品牌，而其突然把本家做药的品牌延伸到生产饮料，就让消费者不知这款产品是“药”还是“饮料”，所以，不论是忠诚于同仁堂“药”的消费者，还是已经习惯于购买饮料的消费者，都不会为之埋单。再如，三九集团将“999”感冒药延伸到制作啤酒，从生产“药”的品牌突然向啤酒的市场延伸，可想而知，市场是很难认可的。在这方面，宜

家家居进行品牌延伸就很成功，宜家家居成功从一个家居延伸到餐饮系列。而且宜家家居服务的主旨就是“让普通人度过一个美好的一天”，在制订营销方案的时候，他们观察每位顾客的喜好与习惯，重视每位顾客的购物经历和购物体验，从而延伸出宜家餐厅的品牌，目的是希望购物过程中的消费者能在宜家商场享用美食和咖啡，增强消费者体验，在买家居的同时，也顺便享受美食的乐趣，是一个享受购物的完美过程。

第三节　滇黔桂地区山地绿色农产品品牌延伸现状

滇黔桂地区经过农业结构的调整，带动了有优势的特色产业，将山地农产品品牌进行了品牌延伸，使其演变成集科技建设，质量保证，服务齐全，新时代特点为一体的特色品牌。由于“搭桥”政策，不同类型的原始生态山区农产品，扩大了销售规模，农民的销售“瓶颈”已经解决。可是，在政府预期下的发展同样也潜伏着以下几个问题：

第一，“农户＋公司”或者“农户＋公司＋互联网”两种模式的产业链过短，信息达不到对称，会影响山地农产品品牌延伸。

第二，结合“农民＋公司”的“互联网＋客户”平台模式，公司将原始的生态农产品通过简单的包装加工和销售，然后通过互联网平台进行销售，表面上看起来减弱了“资源枯竭”的效应，但公司一旦借助了互联网平台，就会从相应的农民和消费者手里获得对应的利润，农民和消费者的利益都会受到影响。

第三，山地农产品品牌信息延伸受阻。产前，农民依靠过去的种植经验来确定种植面积，这将导致在市场发生变化的情况下出现大量的货物卖不出去或供不应求等现象。或者会有一部分的企业公司去夸大一个农产品的竞争优势和潜在的市场需求，为农民提供种子等原始支持，并承诺收购、销售，但最终未能兑现承诺，农民将遭受巨大损失。在生产中，有农民或个体企业试图提高产品的附加值，但产品本身质量不高，现实中难以被市场接受；产后，“农户+公司”模式中，公司运营存在风险性，如果公司自身发展出现危机问题，大量的新鲜农产品将被影响后续销售渠道，农业产业链流会不通畅，也就会成为威胁农产品的销售流程的不良因子。

第四，滇黔桂地区都有他们各具地方特色的珍贵性农产品，比如，云南香格里拉、四川阿坝地区在海拔3500米以上的雪山与草甸之间生长着的冬虫夏草。但是人类现在都面临着一个严重的问题，因为人类对大自然的过度开发，导致资源濒临灭绝。不仅如此，市面上出售的价格已经远远大于这些稀有农产品的自身价值，并且价格一直很高，不管什么方式这些农产品的价格都不能降低，所以这也进一步导致了经济消费者的取向偏好，再加上政府出台的政策对农产品多方支持，但是对资源的保护上却根本没有发挥任何有利于自然的作用。而且有的经济不发达地区，地方政府反而大肆宣传，将其作为发展地方经济的主角，这更加不利于资源保护，形成恶循环。

本章从山地绿色农产品品牌延伸的现状中得出一些负面影响，试图探讨解决这些负面影响的方法，并对滇黔桂山地绿色农产品的反贫困模式进行研究。在总结山区绿色农产品品牌延伸的基础上，本章以西南地区具有山地特色的农产品为样本，在国内外相关文献的基础上，得出了影响山地绿色农产品品牌延伸的模式，为实证研究给予了相应的素材。

第四节　滇黔桂地区山地绿色农产品品牌延伸的启示

一　以全球运作为视角加强品牌核心价值建设

企业的优秀品牌核心价值是实施品牌延伸战略的基础，是企业向消费者传递的主要价值内容，也是品牌延伸的后盾。对于滇黔桂地区山地绿色农产品的品牌延伸战略，其核心价值也应具有前瞻性。因此，品牌核心价值的构建必须从全球运作的角度入手，将品牌的核心价值投放于国际市场中，针对消费群体和目标市场，将全球性文化因素引入滇黔桂地区山地绿色农产品品牌的核心价值中，从而可以缩短当地市场消费者与品牌之间的距离，达到了将滇黔桂地区山地绿色农产品品牌向全球市场延伸的目的。

二　以品牌核心价值为导向加强产业链环节建设

滇黔桂地区山地绿色农产品品牌延伸的基础就是品牌核心价值，其核心内容必须渗透到所有产业链中。品牌核心价值的构建与多产业链之间必然存在密切的关系。农产品品牌核心价值在品牌延伸中的传播还有赖于产业链各环节的密切配合。因此，滇黔桂地区的山地绿色农产品企业也必须重视与品牌核心价值相关的产业链建设。而直接接触消费者是这一部分的销售和产业链，备受大多数企业的关注。但是，仅仅从促进销售的角度出发，就会忽视品牌对产业链其他方面的实际影响。品牌核心价值的载体是农产品质量，作为与人类健康密切相关的农产品质量问题，要更加重视西南山地绿色农产品企业质量建设，确保不同产业链中的龙头企业和相关人员能够全方位地保证农产品质量，加强整个产品产业链各环节之间的联系。因此，要想使品牌延伸战略取得长久成功的话，就必须让品牌延伸战略建立在设计完整的一条产业链上。

三　以产业化运作为载体加强品牌差异化建设

我国现有的农业产业化主要集中在农产品生产标准化方面。加强绿色农产品品牌在滇黔桂地区进行品牌延伸推广基础的同时，也弱化了农产品品牌差异化这一重要的企业竞争力。因此，为了能在农产品品牌延伸的同时提高滇黔桂地区山地绿色农产品品牌的差异化竞争力，企业需改进农业产业化这一基础运作方式。农业产业化的建设要求之一应为培养滇黔桂地区山地绿色农产品品牌的差异性，以全面实现技术、生产、管理、渠道等各环节在企业内部的标准化作为基础，从而实现上述的关键产业链环节与其竞争对手相应的环节之间差异化，为了加强滇黔桂地区山地绿色农产品差异化建设构建产业化打造大格局。建立滇黔桂地区山地绿色农产品行业协会，把地方的居民全部都组织在一起，管理方式绝对不只是走个过场。例如，允许该地区的农民遵守特别的质量标准，团结当地农民。企业与农民之间的沟通不再是与一个家庭单独交谈，而是居民与协会的领导进行相互交谈，这样既节约了交易成本，也提高了生产效率，不仅如此还可以增强地方农民对于品牌的观念和意识，提高农产品的质量要求。此外，对滇黔桂地区山地绿色农产品品牌的注册实现规范化。首先，使滇黔桂地区绿色农产品生产者具有注册商标意识，商标注册与商标名称必须统一，必要时还要有一定的防御注册和原产地名称注册。然后，当地政府相关部门应加大对滇黔桂地区山地绿色农产品品牌的保护力度，对一些不作为的政府官员进行批评指正，形成一个完善的制度管理，这样才能够做到农民有人管、有人管农民、农民品牌从农民中来，通过政府的帮助走到国际上去。

四　参考世界知名农业品牌经验完善自身品牌延伸战略

高市场竞争力的世界知名农业品牌一直都占据着全球的重要市场地位。这些知名农业品牌也是从弱到强、从无到有一步一步脚踏实地地走出来的，它的成长过程就是农产品品牌成功实现品牌延伸的历史。在不同的历史阶段，许多农业企业都提出了对品牌延伸战略的意见与看法，贡献了他们的经验，其中有些方面可能也适用于滇黔桂地区山地绿色农产品品牌国际延伸战略，另一些内容则不能直接适用，好的经验拿来用，从失误中寻找更好的方式方法。

五　品牌延伸的区域化发展

区域化是指山地品牌的发展要以区域内的自然资源为基础，一个好的山地品牌是与自然经济一起发展起来的。在不同的自然环境条件下，农产品的质量和数量差异较大。对于某些产品，它依附于自然资源，所以它最大的特征就是具有区域性。例如，柑橘是许多人喜欢吃的水果之一。它们的生存条件是潮湿的，需要充足的水，土壤必须是偏酸的，种植柑橘的气候也很挑剔，主要集中种植在长江中上游地区。所以，北方是不适合种植柑橘的，因为其自然气候条件不能满足柑橘的生长需要。所以，滇黔桂地区的山地绿色产品应该熟知自己所拥有的自然资源，在自然优势的基础上进行山地绿色农产品的品牌延伸，不可以用资源短处来发展品牌延伸。

第五节　滇黔桂地区山地品牌延伸反贫困模式研究

一　“输血”式扶贫

“输血”扶贫是指在生活环境差，人均收入低的贫困地区，政府或其他组织需要向这些地区提供额外援助，例如，通过直接在贫困地区提供资金，教育保障和基本保健等生活津贴，从而来达到帮助这些地区扶贫的目的。森马生态农业发展有限公司位于浙江省温州市，主要的经营范围是农作物、蔬菜或水工的种植，以及后续的收购和销售等流程，还包括农作物的收集、户外运动及举办大型农产品展示等，在公司成立之后，为了响应温州市委、市政府工业“反哺”农业、支持新农村建设的号召，2007 年与瓯海区泽雅镇龙头村签订了“村企结对”帮扶的这一协议，随后就开发建设了森马瓯柑种植的基地，但由于当地连必要的基础设施都没有，最开始采用的措施是在政府支持下，加大农业资金投入，建设基础设施和扶贫基地。同时，由于村里老年和青年人口众多，所以森马慈善机构随之成立，在居民的生命安全、教育和医疗等方面投入了大量资金。所以，具有差不多先天自然条件和经济条件的滇黔桂山地绿色农产品的企业也可以向当地政府提出申请，对这些贫困地区的山地绿色农产品采取“输血”式的扶贫。

(一) 所需要素

在“输血”扶贫阶段，因为某些地方缺乏必要的生产条件，所以不管任何品牌都是需要投入大量的资金的，而且资金的投入需要精准投入、精准使用。具体来说，资金不应只用于地方基础设施建设，也应用于改善当地居民的生活质量，使人们感受到好处，增强当地居民对当地品牌企业建设的信心和积极性。

(二) 参与主体

滇黔桂地区的政府和企业，在“输血”式扶贫阶段的主要任务就是，政府作为责任主体，不仅要投入材料和金钱等，也必须要有国家对农产品在政策上面的支持。作为扶贫领域的“联络员”，滇黔桂地区企业是连接政府与扶贫领域的纽带，将滇黔桂地区扶贫开发建设的资金发挥到最长处。

(三) 参与方式

滇黔桂地区政府帮助企业参与。以政府为主导，着力为企业提供政策支持，使企业逐步参与每一步扶贫工作，为企业转型参与打下基础。滇黔桂地区农民如果不参与扶贫，很可能会产生依靠心理，丧失工作积极性，主动失去工作，造成对贫困的依赖。这部分贫困将难以改变。资金的持续性支出加重了政府的负担，影响了社会福利在社会中的分配，使贫困问题更加复杂化、矛盾化，因此政府与企业之间的配合尤为重要。

二　开发式扶贫

开发式扶贫是指在政府或者其他组织的支持下，当地的农民们可以利用当地的自然资源来进行生产和建设的开发，便于农产品品牌的开发。而这种扶贫模式的最终目的就是，可以帮助贫困地区提高利益，也能通过农民自己的努力，来进行农产品品牌发展，可以解决最基本的贫困问题。滇黔桂地区山地绿色农业在早期要加大基础设施建设为当地居民的生活提供基本保障。之后，开展实地调研，参照贵州省毕节地区的扶贫开发项目——“赫章县万头黄牛繁育基地建设”进行后续工作的开展。该县工业和第三产业不发达，农村贫困面大，属贵州省典型的贫困县。虽然该县有大量的坡地、草地，具有发展畜牧业的天然优势，但受历史和经济因素的影响，该区畜牧业产业化程度较低，基本上以大范围的田间耕作为主。而最终该项目通过龙头企业的参与和介入，使项目及其后续产业成为云贵川毗邻区域黄（奶）牛繁育及加工产品的龙头企业和知名强势品牌，引导和带动当地农民脱贫致富，走上了可持续发展道路。所以，滇黔桂山地绿色农产品的企业也可以参照贵州省毕节地区的扶贫开发项目——“赫章县万头黄牛繁育基地建设”，选择一项或几项滇黔桂地区自然条件适合的产品，发展地区产业，后续可以带动一系列产业，让其对滇黔桂地区的山地绿色农产品实现真正的开发式扶贫。

（一）所需要素

资金、资源、技术。在现阶段，需要持续投入资金用于自然资源的开采和技术研究与开发。由于前期没有产生任何盈利项目，仍处于输入阶段。技术支持是现阶段的主要支撑力量，通过技术支持，对滇黔桂地区的产业进行准确的选择，以及相关产业的创新，以扩大产业范围，促进产业的全面发展。

（二）参与主体

滇黔桂地区政府、农户，企业都处于开发式扶贫阶段，政府即将一步步地退出主导地位，但是还没有完全退出。滇黔桂地区企业角色是“开发者”，为当地产业开发提供必要的技术条件，为打造最适合当地的产业起到主要参与作用。同时滇黔桂地区农户以自身劳动为参与必要要素，已经具备一定的自我生产能力，成为开发式扶贫中的角色之一。

（三）参与方式

滇黔桂地区政府的扶贫项目需要企业来开发、农户来响应。政府在扶贫工作中的重要性不再是着重突出的角色，是由于在前期的政策、资金等支持上已经完成了扶贫工作中的前期的主要任务。滇黔桂地区的企业在这一阶段积极发挥主要作用，资金资源和技术资源的利用将进一步发展地方特色产业，呼吁当地农民参与。而且农民有一定的自主权参与扶贫工作，让农民自己做出自己的选择。滇黔桂地区农民参与的形式是由以输血式为主的扶贫模式向农民参与式扶贫转变。

三　参与式扶贫

与传统的从上到下的救济方式不同的一点就是，参与式扶贫是强调扶贫目标的自愿性参加。通过建造一个赋予农民权力的机制，贫困户可以参与扶贫项目的实施、决策、监测和评价每一项任务的全过程，以激发贫困户的积极性，用增进自身利益的意愿来解决贫困问题。贵州茂兰国家自然保护区的实施是参与式扶贫的典型案例。在这个扶贫项目中，中药材的种植是其切入点，因为茂兰喀斯特林区的草本植物资源相当丰富，其中许多都是国内珍贵药材，如黄草、半夏、乌梅、钩藤、黄檗等。此外，由于喀斯特森林的植被破坏少，树冠密度大，大量凋落物形成腐殖质，非常适合大型真菌的繁殖和生长，含有珍贵抗肿瘤活性的药用真菌种类繁多。同时，政府采取参与的方式动员农民，使农民把实施的项目作为自己的事情，与自己的利益息息相关。农民主动参与，更好地完成了项目，实施了扶贫计划。所以，滇黔桂地区山地绿色农产品的企业也可以参照贵州茂兰国家自然保护区的实施政策，让滇黔桂地区的贫困对象积极地参与进来，让他们对扶贫项目进行决策和执行，激发当地农户们的热情，真正地让其实现参与式扶贫。

（一）所需要素

资金、资源、赋权机制。在参与式扶贫工作中，不仅需要投资资金，还需要开发资源，而且要有一套完整的赋权机制，正是因为这些要素不同于以发展为基础的扶贫为滇黔桂地区实施参与式扶贫提供了客观条件。通过进一步完善基层民主自治，使滇黔桂地区赋予人民权力的农民摆脱贫困，让他们自主脱贫。

（二）参与主体

以滇黔桂地区农民参与为主，政府企业为辅。这种扶贫是增强人民权能的一种方式。农民是主要参与群体，关键是如何调动农民参与的意愿和积极性。在这种模式下，将更加重视农民能力的培养。如果要将更多的农民纳入整体扶贫进程，参与者必须具备一定的参与能力。因此，在扶贫项目的过程中，要以滇黔桂地区农民为中心，对他们进行培训，参与和领导扶贫项目，提高滇黔桂地区农民脱贫致富的能力。

（三）参与方式

滇黔桂地区农户参与扶贫项目方案。“脱贫”是贫困地区的农民们最希望的，他们是最为熟悉当地农产品的主人，最了解自身和当地的情况，让他们自主参与到扶贫的决策中去，这样会使决策更容易获得支持，使我们的执行工作落到实处，激发农民脱贫的激情。这种参与实际上体现了健全的民主制度和基层民主，在经济上实现了政府、农民和企业的“三赢”。

四　协同式扶贫

这是扶贫与协同相结合的理论模式。目的是强调社会对扶贫的多重参与，所有要素有机地结合在一起，目标是解决贫困问题。借助社会多元化参与者在帮助扶贫和满足贫困家庭多样化需求方面的优势，向贫困家庭提供更加多元化的帮助。作为扶贫的最佳模式，协同扶贫难以实现。其实现的前提是需要社会资本的加入，需要民众的文化和思想相匹配的扶贫政策，而这样的无形条件需要很长时间才能沉淀下来。例如，由恒大集团援建的贵州毕节，就是帮助扶贫的典型案例。自 2015 年 12 月起，恒大集团联手援助贵州省毕节市。同时采取更多措施，工业扶贫，易地搬迁以帮助贫困农民和减轻贫困程度。根据毕节地区乌蒙山独特的生态环境和气候，恒大集团投资 57 亿元，在中国西南地区建设两个基地：一是最大的果蔬基地，二是最大的肉牛养殖基地，帮助毕节市 20 万贫困户发展农业，帮助毕节市 70 万贫困人口发展蔬菜、肉牛、中药材等特色产业，给每个贫困户都制定了两个项目，并且都引入了主要的上游企业和下游企业，形成了“龙头企业 + 合作社 + 贫困户 + 基地”的一条龙帮扶模式，为贫困人口实现了“供、产、销”的一体化经营。滇黔桂地区的山地绿色农产品企业也可以参照恒大集团结对帮扶的贵州省毕节市相协同的这种模式，借助社会多元化参与主体的优势，给予贫困户更加多元化的帮助。让滇黔桂地区的山地绿色农产品企业与政府实现协同式扶贫的目标。

（一）所需要素

社会的思想、文化、资本和协同扶贫这些方法都不是自发完成的，它会成为协同扶贫的一个条件。这是因为这些都是社会资本文化的积淀和沉淀，但同样也需要完善和创新与之相对应的协调机制。因为社会资本是高度发展的产物，它不仅是一种多主体参与的形式。综上所述，这种理想模式需要的是与之相对应的社会条件。

（二）参与主体

企业、政府、农民和其他多个领域共同主导。滇黔桂地区的企业和农户都可以凭借自身的优势成为扶贫主体，因为协同扶贫需要扶贫主体的多元化。在协调脱贫的过程中，三方共同组成了独立的参与个体，政府也不会强制要求农民们，三者之间的相互合作和平等相处都会解决种种困难，最终让贫困户们成功地走上脱贫之路。

（三）参与方式

确定自己的行为准则，实现各方的有机结合。我们需要为贫困家庭的需求规定正确的补救措施，并从根本上减少贫困家庭。协调机制是一种集体行为，通过主体间的有机参与，最终达到脱贫致富的目的。因此，每个参与者必须在同一目标的基础上确定自己的行为准则，实现各方的有机结合。

五　四种扶贫模式总结与分析

四种扶贫模式各有利弊，但从长远看具有进步性的优势。对于绝对贫困或经济发展水平较低的时期或者地区，扶贫的主要目的是解决贫困人口的基本生存问题，可以保证贫困人口的最低生活水平。因此，应首先采取“输血”式扶贫，政府作为责任的主体，可以通过实物救济或财政补贴来减轻困难家庭。但是，这种模式并不能解决贫困地区的根本问题，只能在短期内减缓贫困地区人们的生产生活困境。

对于那些具有一定资源或地理优势，并且还具有发展潜力的地区，要以发展为本，攻坚扶贫，动员贫困地区人民利用当地的自然资源和人力资源进行合理的开发建设。同时，政府还应提供财政支持或优惠政策，鼓励贫困人口可以自愿地去解决自己家庭的温饱问题，让他们自己想办法解决自身贫困的问题。然而，这种扶贫模式的缺点是容易忽视个体的差异。

在整个扶贫过程中，参与式扶贫的方法是通过赋予农民权力，让贫困户一起参与其中，这样既提高了他们想要解决贫困的参与度，以此来调动贫困户的积极性和主动性，从而提高并改善扶贫工作的效率和成效。在这种情况下更注重的是自身脱贫的能力和决心。但是，贫困户的自身素质能力以及决策参与能力并没有我们想象得那么强烈，也还没有达到自主参与决策的条件。但我们在将权力给农民们的同时，也要关注不同地区的资源基础，制定合适的发展计划。

多个社会主体共同参与扶贫，是建立在社会资本文化全面发展的基础上的。通过平等协商的办法和思想文化协调机制的建立，让农民们实现自身的多参与，和各个方面的共同发展，让农民们真正地加入到扶贫的行列中。因为该模式的具体实施还可能存在一些困难和问题，所以目前我们仍处于探索阶段。

第九章

滇黔桂地区山地绿色农产品品牌塑造与反贫困政策建议

针对目前滇黔桂地区山地绿色农产品品牌塑造与反贫困发展面临的主要问题，进一步提高滇黔桂地区山地绿色农产品品牌塑造和反贫困的效果，本章主要从品牌塑造与反贫困的联结机制、提高农户自我发展能力、提高品牌发展质量、做好品牌宣传扩展销售渠道和品牌保护制度五个方面提出相关的政策建议。

第一节　建立山地绿色农产品品牌塑造与贫困农民脱贫的联结机制

首先，山地绿色农业的发展主要依靠农户和农业企业，两者之间不但存在相同利益点也存在利益分歧。为此，政府要为促进双方合作共赢发挥指导作用，积极探索两者之间的利益联结机制，推动双方的合作共赢，使山地绿色农业在农户和企业的共同努力下能够在滇黔桂地区得到持续性的发展。为此，政府要积极出台有利于农户和农业企业发展的政策措施，既要加强对绿色农产品生产经营主体的技术培训与指导力度，还要加强对生产农户的补贴力度，使企业有运营信心，农户有生产积极性。同时，政府要起到带头作用，鼓励支持绿色农产品企业的发展，共同为滇黔桂地区绿色农产品品牌塑造打下了坚实基础。其次，要根据不同的情况采取不同的反贫困模式，促进各参与主体合作共赢、共同发展。在进行扶贫模式的选择时，政府要对贫困地区进行深入的调查，对具有发展潜力又有一定自然资源优势的地区可以采取开发式扶贫；在发展基础较好，社会资本文化有一定积累的区域可以通过有效的信息传播和文化发展实现协同发展机制，让相关利益者尤其是农民和农业企业都能参与到平等协商的过程中，实现协同发展，让农民能够拥有参与感，提高其积极性和参与性，实现协同式扶贫；而在经济发展水平低，绝对贫困人口多的地区，其扶贫的首要任务就是解决贫困人口的基本生存问题，所以可以先采取“输血”式扶贫模式，然后根据当地的发展状况和资源特色采用适合的扶贫模式。

第二节　调动贫困户参与脱贫工作的积极性，提高贫困户自我发展能力

更好地开展脱贫攻坚工作要调动贫困农民参与脱贫攻坚的积极性，提高农户的自我发展能力。首先，如何调动贫困人口参与扶贫工作的积极性是顺利进行脱贫攻坚工作最先要解决的问题。为此政府要做好以下几个方面的工作：第一，要做好对贫困人口的政策宣传工作，鉴于贫困人口的文化程度有限，在政策宣传过程中要用老百姓能够理解的语言和方式进行扶贫政策讲解，确保贫困户能够充分理解。第二，要建立顺畅的沟通渠道，为贫困户深入了解脱贫政策提供有效的咨询帮助，便于贫困户享受福利，提高对产业脱贫理念的认识，激发基层群众脱贫致富的动力。同时也要利用这个沟通渠道积极了解贫困农户的意见和要求，让贫困农户能够充分表达自

身的想法，提高主人翁意识，激发农户的积极性。其次，提高贫困户的自我发展能力是保障脱贫成果的重要基石。因此政府要做到以下几点：第一，要提高农户的合作意识。在我国，农业生产一直处于小农生产模式，所以大多数农民的团队合作意识较弱。在扶贫工作中表现出来的就是贫困户与各帮扶主体之间的稳定性较差。因此政府可以通过举办专题讲座和各种形式的活动，用贫困户乐于接受的方式提高其自身的品德修养和合作理念。第二，发挥基层领导干部的带头作用，带领贫困户积极参与到脱贫产业的发展中。第三，要大力发展贫困户的教育工作，政府要积极发挥主导作用。政府要大力发展农民职业培养体系，制定相关的政策，为农民的教育工作指明方向，增加农民的科学文化素养，提高农业发展水平。

第三节　提高农产品品牌塑造的质量，增加品牌的竞争力

农产品品牌塑造的质量可以从品牌特色和农产品质量两个方面来提升。

首先，在农产品品牌特色方面，滇黔桂地区自然资源丰富，农产品种植条件差异较大，不同地区都有其特色的农产品品种，因此可以根据各地独有的资源进行特色农产品的种植和区域农产品品牌的塑造。滇黔桂地区各级政府必须要提高对农业品牌的认识，积极进行特色农产品品牌塑造的宣传工作，让农业生产主体认识到品牌塑造的重要性和必要性。同时要根据当地资源特色，进行特色农产品发展规划，要坚持“宜粮则粮、宜果则果、宜菜则菜、宜畜则畜”的原则，充分调查当地的特色农业资源，利用特色优势发展山地绿色农业，形成品牌差异。此外，政府要对区域内的农业发展情况、农业特色和品牌塑造情况进行全面的了解，并发展一批有实力、有潜力的农业企业、农业生产基地和农业专业合作社，让其带

动农产品品牌化发展，形成品牌效应，从而促进滇黔桂地区特色农产品高效高质生产。

其次，产品质量是一切行动的基础。在进行滇黔桂地区山地绿色农产品品牌塑造的过程中，如果农产品的质量不过关，农业发展就没有前景，农产品品牌打造也就没有了基础，而优质绿色农产品产出的前提是拥有良好的生产环境。当地政府要通过切实有效的手段保证农产品生产源头的“绿色”，产出环境的“绿色”，为滇黔桂地区输出高质量绿色农产品做好坚实的后勤保障。具体要做到以下几点：一是要建立健全农产品生产地环境保护的法律法规，对土壤、水源、空气质量等进行保护，确保原产地环境不被污染，保证滇黔桂地区的绿色产品形象。政府部门要抓紧研究制定有关农产品产地环境保护的法律法规，将土壤污染防治纳入法律保护范围，加快滇黔桂地区产地环境保护地方立法。二是要提高农民的产品质量安全意识。政府可以通过各种宣传和培训活动积极引导他们种植符合市场需要的优质农产品，对农业、化肥等的使用方式和使用剂量给予科学的指导，鼓励农业合作社、农业企业对农户的生产过程进行质量监督，实现无公害农产品的生产。三是要制定清晰明确的质量管理制度，并严格执行，对农产品质量进行严格的监管，让消费者能够购买到安全健康的绿色农产品。同时，严格打击虚假的绿色农产品广告和生产假冒伪劣产品的行为，保障绿色农产品市场的秩序。此外，要制定农产品生产的质量标准，形成与行业、国家、国际相配套的标准体系，鼓励农产品生产企业和农户进行标准化生产。

第四节　加强农产品品牌宣传，促进农产品电商的发展

品牌宣传工作在农产品品牌塑造的过程中具有十分重要的意义，因此政府在滇黔桂山地绿色农产品宣传过程中，要积极围绕提高农

产品品牌的信任度、市场竞争力等目标创新营销宣传活动，为农产品品牌提供宣传平台，让农产品有更多的展示和销售的机会。

为了提高滇黔桂山地绿色农产品品牌的市场知名度，滇黔桂地区各市县相关政府机构已经积极地开展了一些品牌推介活动和大型展销会等进行品牌的整合宣传，这些活动对促进滇黔桂山地绿色农产品品牌效应的提升发挥了重要的作用。但是，仅仅通过这些来提升品牌效应是不够的，政府要开展更多创新性的品牌营销活动，将滇黔桂山地绿色农产品的品牌效应提升到更高的层面。例如在农产品品牌塑造的初级阶段，政府可以牵头举办特色农产品的博览会和展销会，扩大农产品品牌的影响范围，让消费者能够更加直观地了解和接触当地的绿色优质农产品；在农产品品牌得到一定认可的情况下，政府可以带头打造一些农产品节日，通过与竞赛和公益事业的连接，提高农产品品牌的市场认可度，促进消费偏好的形成。同时要积极推动滇黔桂地区品牌农产品宣传网络的构建，支持该地区农产品品牌在国家、地方和互联网媒体的宣传活动，利用传统媒体开展专题宣传推介，利用互联网媒体积极构建官方账号，对农产品进行专业细致的介绍，提高品牌可信度。

在农产品销售渠道的扩展方面，电子商务作为我国农产品销售的一个趋势，已经被我国大多数人所接受，农产品线上交易量逐年提高。因此，政府要大力推进滇黔桂地区山地绿色农产品电子商务发展。第一，要进行农产品电子商务人才的培养。为了帮助贫困地区扩大农产品的销售范围，可以对有学习能力的贫困农户进行电子商务培训，采用线上和线下联合的培训模式，增强培训效果，确保贫困农户了解和掌握农产品电商的经营方法。此外，要打造符合滇黔桂地区农产品发展要求的农产品电子商务人才队伍。政府要对农产品电子商务人才的培养和引进进行科学的规划，为贫困地区的农产品电商发展提供人才保障，帮助提高从业人员的网络营销能力、管理能力和农业生产技能。第二，政府要对农产品电商扶贫模式给予高度的重视，对不同地区进行农产品电商扶贫的可行性进行论证，积极探索当地最具优势的农产品，提高农产品电商扶贫的效果。同时政府在制定相关政策时要积极听取农户的需求，并给予资金、技术和人才等方面的支持。第三，政府可以利用自身资金和技术优势，进行农产品交易平台的建设，实现“农产品生产者＋政府搭建交易网站＋第三方物流＋采购企业”的电商发展模式。这样就有利于扩展农产品的销售渠道，让当地优质的农产品得到更多消费者的认可。同时，通过这个平台可以利用政府为农产品的质量进行担保，发布最新的农产品市场信息，帮助农户进行生产规划。第四，要积极推动农产品物流体系的发展。政府要对滇黔桂地区农产品物流业的发展提供政策支持，着力解决滇黔桂地区农产品物流经营主体规模小、成本高的问题，要大力推进农产品物流体系的基础设施建设，培养一批重点的物流企业，对其提供资金支持。

第五节　建立健全滇黔桂绿色农产品品牌发展政策和保护机制

首先，政府要对滇黔桂地区农产品品牌的发展提供相关的政策保障。一是要帮助企业进行规模化、专业化生产。由于我国小农生产的现状，企业在进行规模化生产的过程中容易遇到土地流转难的问题。为此，政府要进一步明确土地流转和管理制度，帮助农业企业解决在土地租赁、承包和互换中遇到的问题。同时，政府要做好产业规划，鼓励大型农业生产和加工企业在当地设立生产基地，扩大产业规模。二是要建立健全金融体系，为滇黔桂山地绿色农产品品牌发展提供资金支持。政府可以通过担保贴息，制定金融政策等手段为农业企业提供有偿资金服务，缓解农业企业的资金难题。三是要完善滇黔桂山地绿色农产品品牌补贴机制。农产品品牌在初创阶段需要大量的资金投入、风险高、收益低，因此需要政府建立对相关人员和组织强有力的补贴机制。政府可以对农业企业、农户等提供金融服务的机构给予相应的补贴。还可以对滇黔桂地区进行农产品种植技术和生产技术研究的机构进行补贴。此外，也可以对进行农产品品牌塑造的农业企业、农民专业合作社进行补贴。四是要健全滇黔桂山地绿色农产品品牌税收优惠政策。对于创建和发展滇黔桂山地绿色农产品品牌的企业，政府可以对其给予税收优惠政策或减免政策，让农业企业自觉自愿地加入品牌建设与维护的工作。

其次，滇黔桂山地绿色农产品品牌是一个地区的重要地理标志，是该地区的名片和形象，在区域农产品申请阶段，政府要鼓励农民专业合作组织、农业行业协会等积极进行地理标志农产品的申请，并以此为基础进行农产品区域品牌的建设。而在区域品牌的发展阶段，政府要健全农产品品牌的保护机制，保障滇黔桂地区山地绿色农产品品牌的安全和形象，大力打击假冒农产品品牌的行为。主要可以从以下几点出发：一是要健全滇黔桂地区山地绿色农产品产业规范。通过不断完善相关政策、绿色农产品的标准化建设和制定滇黔桂山地优势区域发展规划，为滇黔桂山地绿色农产品品牌产品基地建设和品质保障奠定基础。二是要健全滇黔桂绿色农产品品牌保护机制。滇黔桂地区政府要对滇黔桂地区农产品品牌的商标保护制定相关的法律法规，对于侵权行为要通过行政部门和法院的联合执法机制，严格打击不正当的竞争行为。现阶段，互联网的发展也增加了利用互联网进行不正当竞争的行为，面对大量的互联网信息，要建立工商或公安简易处理机制，对于有证据证明的初步侵权行为予以屏蔽网页的处罚，对于严重损害滇黔桂地区农产品品牌的行为要进行披露并严厉处罚。三是滇黔桂地区各市县的政府应该对创建的区域品牌的使用进行严格管理，并制定明确的使用规范。在授予农产品区域品牌使用权时要做到只有企业和农户生产的产品达到规定的质量标准才能给予区域品牌的使用资格，并要持续对其生产活动和品牌使用情况进行监管，一旦发现问题要及时整改。同时，对于区域农产品品牌的使用要制定统一的使用规范，使消费者对其产生统一的印象，提高品牌的可信度。

附录　品牌资产模型调查问卷

尊敬的先生/女士：

您好！我们是高校的研究人员，正在开展一项科研项目的阶段性研究。本问卷旨在调查消费者对品牌的评价。问卷结果主要用于学术研究，您的回答对本研究非常重要，答案没有对错之分，请您按照自己的真实想法填写。完成本问卷占用您 2—3 分钟。感谢您的支持！

第一部分：请填写您的基本信息。

1. 您的性别：男□　女□

2. 您的年龄：20 岁及以下□　21—30 岁□　31—40 岁□　41—50 岁□　51—60 岁□　61 岁及以上□

3. 您的受教育程度：高中及以下□　大专/本科□　研究生及以上□

4. 您的主要身份：学生□　上班族□　自由职业者□　其他□

5. 您的收入：1000 元以下□　1001—3000 元□　3001—5000 元□　5001—7000 元□　7001 元以上□

6. 您所在省份：

7. 您是否购买过都匀毛尖茶/云南普洱茶/荔浦芋头：是□　否□

8. 您最常购买的都匀毛尖茶/云南普洱茶/荔浦芋头是哪个品牌的？

第二部分：以下题项调查您在上面填写的最常购买的这个品牌，请基于您的真实感受，勾选出与您想法相近的答案（1 = 完全不同意，7 = 完全同意）。

	题项	完全不同意	不同意	有点不同意	一般	有点同意	同意	完全同意
社会责任	①该品牌积极参加慈善捐赠							
	②该品牌热心公益事业							
	③该品牌积极帮助弱势群体							
生态友好	①该品牌对生态环境是友好的							
	②该品牌有积极而有效的环保行为							
	③该品牌贯彻关心环境的理念							
产品质量	①该品牌产品口感好							
	②该品牌产品更有营养							
	③该品牌残品农药、重金属残留少							
品牌知名度	①我熟悉该品牌							
	②我对这个品牌了解							
	③该品牌是我唯一回忆起的品牌							

第三部分：以下题项是您对该品牌主观认知的描述，请以您的真实感受，勾选出与您想法相近的答案（1 = 完全不同意，7 = 完全同意）。

	题项	完全不同意	不同意	有点不同意	一般	有点同意	同意	完全同意
品牌功能	①该品牌的产品质量很好							
	②该品牌是可靠的							
	③该品牌的产品可以很好地满足我的需要							
品牌象征	①使用该品牌可以体现我的个性品位							
	②使用该品牌可以帮我给别人留下好印象							
	③使用该品牌提升我的自我感觉							

第四部分：以下题项是您对该品牌行为意向的描述，请以您的真实情况，勾选出与您想法相近的答案（1 = 完全不同意，7 = 完全同意）。

	题项	完全不同意	不同意	有点不同意	一般	有点同意	同意	完全同意
品牌忠诚	①该品牌是我的首选							
	②下次我还会选择该品牌							
	③即使价格略微上涨，我依然会购买该品牌的产品							

参考文献

阿马蒂亚·森：《以自由看待发展》，中国人民大学出版社2002年版。

曹阳：《消费者对绿色食品价格与品质的权衡及其对产业升级的影响》，《社会科学家》2016年第8期。

陈堃辉：《福建省农产品区域品牌的效应研究》，硕士学位论文，福建农林大学，2018年。

崔剑峰：《发达国家农产品品牌建设的做法及对我国的启示》，《经济纵横》2019年第10期。

崔丽辉：《呼伦贝尔绿色农产品品牌竞争力研究》，《生产力研究》2011年第4期。

代杰：《加强产地环境保护立法，助力农产品质量安全》，《环境保护》2016年第24期。

丁佳俊、陈思杭：《反贫困与生态保护相互关系的文献综述》，《生态经济》2019年第1期。

丁心兰：《精准扶贫视角下云南省水利水电工程移民反贫困研究》，硕士学位论文，云南财经大学，2018年。

董平、苏欣：《基于消费者的农产品区域品牌资产模型构建及实证研究》，《商业时代》2012年第23期。

董谦：《中国羊肉品牌化及其效应研究》，博士学位论文，中国农业大学，2015年。

杜永红：《乡村振兴战略背景下网络扶贫与电子商务进农村研究》，《求实》2019年第3期。

段小力、杜为公、程若玉：《绿色农产品“柠檬市场”的形成及其规避机制研究》，《农业经济》2020 年第 2 期。

范建昌、梁旭晫、倪得兵：《不同渠道权力结构下的供应链企业社会责任与产品质量研究》，《管理学报》2019 年第 5 期。

范宁、韩静：《论品牌延伸策略》，《邵阳学院学报》2005 年第 1 期。

甘瑁琴、高玲：《绿色农产品品牌权益测量量表的构建研究》，《开发研究》2010 年第 6 期。

顾瑛：《农产品名牌战略与农业产业化结合初探》，《农业经济》2002 年第 9 期。

郭锦墉：《江西绿色农产品品牌化经营探析》，《生态经济》2006 年第 11 期。

郭亚慧、徐大佑：《贵州省绿色农产品品牌打造现状和策略研究》，《农村经济与科技》2018 年第 13 期。

郭永田：《品牌创建成了脱贫攻坚“新抓手”——基于内蒙古兴安盟农产品品牌创建的调查》，《农村工作通讯》2017 年第 17 期。

韩斌：《推进集中连片特困地区精准扶贫初析——以滇黔桂石漠化片区为例》，《学术探索》2015 年第 6 期。

何坪华、凌远云、刘华楠：《消费者对食品质量信号的利用及其影响因素分析——来自 9 市、县消费者的调查》，《中国农村观察》2008 年第 4 期。

何旺兵、胡正明：《基于顾客视角的 B2C 网站品牌资产影响要素实证研究》，《企业活力》2012 年第 3 期。

侯丽敏、薛求知：《品牌资产构建：基于企业社会责任还是企业能力?》，《外国经济与管理》2014 年第 11 期。

黄彬、王磬：《农产品品牌塑造对策——基于产业价值链视角》，《商业经济研究》2019 年第 3 期。

黄秋萍、胡宗义、刘亦文：《中国普惠金融发展水平及其贫困减缓效应》，《金融经济学研究》2017 年第 6 期。

江六一、李停、雷勋平：《结构优化视角下我国农产品国际竞争力提升机理及对策研究》，《管理世界》2016 年第 1 期。

江智强：《试论品牌延伸成功的基础、条件、关键和保障——兼谈如何成功品牌延伸》，《商业研究》2002 年第 12 期。

焦伟伟、刘洁：《我国农产品品牌战略中的障碍性因素及对策》，《乡镇经济》2006 年第 4 期。

接家东：《我国农村反贫困模式创新研究》，博士学位论文，吉林大学，2017 年。

金立印：《本土网站品牌资产及其形成机制——基于网站内容视角的实证研究》，《营销科学学报》2007 年第 3 期。

靳明、周亮亮：《绿色农产品原产地效应与品牌策略初探》，《财经论丛》2006 年第 4 期。

李飞、刘久锋：《品牌强薯业助力大扶贫》，《世界农业》2017 年第 8 期。

李冉、周波：《浅议品牌延伸战略》，《商业研究》2006 年第 2 期。

李燕辉：《基于投入产出技术的江西省建筑业实证分析》，《市场论坛》2010 年第 9 期。

李周：《乡村振兴战略的主要含义、实施策略和预期变化》，《求索》2018 年第 2 期。

林冠颖：《江西省农产品区域品牌发展现状》，《农村实用技术》2019 年第 6 期。

刘兵、叶云、杨伟民、胡定寰：《贫困地区构建优势农产品供应链对农户减贫效应的实证分析——基于定西地区的农户调查数据》，《农业技术经济》2013 年第 6 期。

刘国华、苏勇：《基于全球视角下的品牌资产评估模型》，《工业技术经济》2010 年第 8 期。

刘奇、张延明：《我国脱贫攻坚的现状与思考》，《中国井冈山干部学院学报》2018 年第 3 期。

鲁钊阳：《农产品地理标志在农产品电商中的增收脱贫效应》，《中国流通经济》2018 年第 3 期。

罗颖：《浅析品牌延伸战略》，《南方论刊》2005 年第 8 期。

马进军、刁雅楠、单娟：《互联网品牌感知契合度对延伸评价的影响——基于母品牌功能形象的调节作用》，《企业经济》2015 年第 8 期。

聂文静、李太平、华树春：《消费者对生鲜农产品质量属性的偏好及影响因素分析：苹果的案例》，《农业技术经济》2016 年第 9 期。

卿硕：《不同品牌体验媒介对绿色农产品消费者品牌信任的影响研究》，《商业时代》2014 年第 10 期。

任同伟、朱美玲：《基于灰色关联模型的新疆农产品区域品牌建设企业意愿度研究》，《农村经济与科技》2014 年第 5 期。

沈鹏熠：《基于企业社会责任的零售公司品牌权益驱动模型研究》，《大连理工大学学报》（社会科学版）2012 年第 1 期。

盛光华、龚思羽、葛万达：《品牌绿色延伸会提升消费者响应吗？——绿色延伸类型与思维模式的匹配效应研究》，《外国经济与管理》2019 年第 4 期。

施娟：《品牌延伸需要产品支持》，《区域经济评论》2002 年第 6 期。

世富：《品牌延伸的三大核心因素》，《中小企业科技》2007 年第 2 期。

孙赛英：《农产品差异化竞争研究》，硕士学位论文，浙江师范大学，2004 年。

孙习祥、陈伟军：《消费者绿色品牌真实性感知指标构建与评价》，《系统工程》2014 年第 12 期。

孙小娟：《特色产业推动特困地区扶贫工作的实证研究——以甘肃省静宁县 L 村苹果产业为例》，硕士学位论文，陕西师范大学，

2018 年。

孙小丽：《企业社会责任与品牌价值的关系研究——基于食品行业消费者购买意愿的实证分析》，《价格理论与实践》2019 年第 7 期。

田金梅、张秀娟、麦健鹏、丘瑞芸：《品牌知名度和安全认证对猪肉消费行为的影响》，《华南农业大学学报》（社会科学版）2013 年第 3 期。

田俊华：《山西省农产品产业价值链流量提升的研究——基于营销的视角》，硕士学位论文，太原科技大学，2012 年。

王长征、崔楠：《个性消费，还是地位消费——中国人的“面子”如何影响象征型的消费者—品牌关系》，《经济管理》2011 年第 6 期。

王多玉、张轩铭、修文艳等：《发展绿色食品助推产业精准扶贫》，《中国农业资源与区划》2016 年第 9 期。

王海忠：《不同品牌资产测量模式的关联性》，《中山大学学报》（社会科学版）2008 年第 1 期。

王介勇、陈玉福、严茂超：《我国精准扶贫政策及其创新路径研究》，《中国科学院院刊》2016 年第 3 期。

王晓明：《品牌延伸战略》，《中外企业家》2004 年第 2 期。

王秀宏、杨璞：《非物质文化遗产的品牌活化路径研究》，《标准科学》2013 年第 6 期。

王瑛：《绿色生产视野下绿色农产品的品牌定位与市场营销战略优化研究》，《农业经济》2019 年第 8 期。

吴波、李东进、谢宗晓：《消费者绿色产品偏好的影响因素研究》，《软科学》2014 年第 12 期。

奚国泉、李岳云：《中国农产品品牌战略研究》，《中国农村经济》2001 年第 9 期。

夏训峰、吴文良、王静慧：《绿色品牌经营——发展生态农业产业化的重要战略》（上），《世界农业》2003 年第 5 期。

肖卉屺、王明友：《区域品牌效应促进地区经济发展的研究》，《中国商贸》2012 年第 3 期。

徐百万：《广西藤县粉葛品牌营销策略研究》，硕士学位论文，广西大学，2017 年。

徐大佑、郭亚慧：《农产品品牌打造与脱贫攻坚效果——对贵州省 9 个地州市的调研分析》，《西部论坛》2018 年第 3 期。

徐大佑、林燕平：《农产品品牌发展与价格波动的关系研究——基于“虾子辣椒”的案例分析》，《价格月刊》2019 年第 1 期。

徐加明：《以农业品牌化推进山东新农村建设研究》，《理论学刊》2010 年第 8 期。

许正良、古安伟：《基于关系视角的品牌资产驱动模型研究》，《中国工业经济》2011 年第 10 期。

颜强、王国丽、陈加友：《农产品电商精准扶贫的路径与对策——以贵州贫困农村为例》，《农村经济》2018 年第 2 期。

杨恺、尚旭东、贾志军、陈少飞：《产业视角下环京津山区贫困县农业品牌建设路径研究——以张家口市崇礼区为例》，《中国农业资源与区划》2019 年第 4 期。

杨明强、鲁德银：《基于产业价值链的农产品品牌塑造模式与策略研究》，《农业经济》2013 年第 2 期。

杨松、庄晋财、王爱峰：《惩罚机制下农产品质量安全投入演化博弈分析》，《中国管理科学》2019 年第 8 期。

尤晨、曹庆仁：《企业绿色品牌形象的塑造》，《经济管理》2003 年第 1 期。

余典范、张亚军：《制造驱动还是服务驱动？——基于中国产业关联效应的实证研究》，《财经研究》2015 年第 6 期。

余明阳：《品牌学》，安徽人民出版社 2003 年版。

曾伟球：《农产品品牌化营销问题研究》，《商场现代化》2006 年第 14 期。

翟虎渠：《新阶段农民增收与提高农产品竞争力的若干建议》，《农业经济问题》2003 年第 1 期。

张蓓、张光辉：《农产品品牌推广策略探析》，《商场现代化》2006 年第 28 期。

张峰：《基于认知视角的品牌资产模型的跨文化检验》，《商业经济与管理》2010 年第 2 期。

张红宇：《乡村振兴背景下的现代农业发展》，《求索》2020 年第 1 期。

张萍、钱金良、杨娜：《试论云南绿色农产品的发展前景》，《云南农业科技》2009 年第 S2 期。

张启尧、孙习祥：《基于消费者视角的绿色品牌价值理论构建与测量》，《北京工商大学学报》（社会科学版）2015 年第 4 期。

张文超：《日本“品牌农业”的农产品营销经验及中国特色农业路径选择》，《世界农业》2017 年第 6 期。

张璇、龙立荣、夏冉：《心理契约破裂与破坏性建言行为：自我损耗的视角》，《管理科学》2017 年第 3 期。

张学睦：《品牌延伸路要走好》，《价格月刊》1998 年第 6 期。

张亚军、张金隆、肖小虹、张千帆：《威权领导对信息系统用户行为的影响研究》，《工业工程与管理》2015 年第 4 期。

张元明：《新疆南疆地区反贫困开发模式研究》，硕士学位论文，塔里木大学，2013 年。

张月花、薛平智：《农产品地理标志品牌化发展研究——以陕西为例》，《生产力研究》2013 年第 6 期。

张志国、聂荣、闫宇光：《中国农村多维贫困测度研究——以辽宁省农村为例》，《数学的实践与认识》2016 年第 7 期。

赵春明：《农产品竞争力分析框架初探》，《生产力研究》2009 年第 1 期。

赵建彬、景奉杰、余樱：《基于解释水平调节作用的自我形象一致研究》，《商业研究》2013 年第 8 期。

赵晓华、岩留：《绿色农产品品牌建设探析——以普洱市为例》，《生态经济》2014 年第 11 期。

赵兴泉、朱勇军：《关于实施农产品品牌战略的调查》，《浙江经济》2006 年第 4 期。

郑琼娥、许安心、范水生：《福建农产品区域品牌发展的对策研究》，《福建论坛》（人文社会科学版）2018 年第 10 期。

钟惟东：《信息贫困视角下经济贫困成因及对反贫困的政策启示》，《图书馆》2020 年第 4 期。

周安宁、应瑞瑶：《消费者对地理标志农产品支付意愿及其影响因素研究——基于消费者行为心理因素的分析框架及实证检验》，《学术探索》2012 年第 5 期。

周晔馨、叶静怡：《社会资本在减轻农村贫困中的作用：文献述评与研究展望》，《南方经济》2014 年第 7 期。

朱丽叶、袁登华：《品牌象征价值如何影响消费者溢价支付意愿——性别和产品可见性的调节作用》，《当代财经》2013 年第 6 期。

朱丽叶、袁登华、张红明：《顾客参与品牌共创如何提升品牌忠诚？——共创行为类型对品牌忠诚的影响与作用机制研究》，《外国经济与管理》2018 年第 5 期。

［美］艾·里斯、杰克·特劳特：《定位》，中国财政经济出版社 2002 年版。

Aagerup U. , Nilsson J. , “Green Consumer Behavior: Being Good or Seeming Good?”, Journal of Product & Brand Management, 2016, 25 (3): 274 – 284.

Aaker D. A. , “Measuring Brand Equity Across Products and Markets”, California Management Review, 1996, 38 (3): 102 – 120.

Ahmad A. , Thyagaraj K. S. , “Consumer’s Intention to Purchase Green Brands: The Roles of Environmental Concern, Environmental Knowledge and Self Expressive Benefits”, Current World Environment,

2015, 10 (3): 879 – 889.

Allen M. W. , Gupta R. , Monnier A. , "The Interactive Effect of Cultural Symbols and Human Values on Taste Evaluation", Journal of Consumer Research, 2008, 35 (2): 294 – 308.

Boush D. M. , Shipp S. et al. , "Affect Generalization to Similar and Dissimilar Brand Extensions", Psychology and Marketing, 1987 (3): 225 – 237.

Butt M. M. , Mushtaq S. , Afzal A. et al. , "Integrating Behavioural and Branding Perspectives to Maximize Green Brand Equity: A Holistic Approach", Business Strategy and the Environment, 2016, 26 (4): 507 – 520.

Chernatony, L. and McDonald, M. , Creating Powerful Brands, 2nd ed. , Butterworth – Heinemann, Oxford, 1998.

De Angelis M. , Adigvzel F. , Amatulli C. , "The role of design similarity in consumers' evaluation of new green products: An investigation of luxury fashion brands", Journal of Cleaner Production, 2017 (141): 1515 – 1527.

De Oliveira M. O. R. , Silveira C. S. , Luce F. B. , "Brand Equity Estimation Model", Journal of Business Research, 2015, 68 (12): 2560 – 2568.

Ebiefung, A. A. , Kostreva, M. M. , "The generalized Leontief input – output model and its application to the choice of new technology", Annals of Operations Research, 1993, 4 (2): 161 – 172.

Erifili P. , Sergios D. , "Consumer – green Brand Relationships: Revisiting Benefits, Relationship Quality and Outcomes", Journal of Product & Brand Management, 2019, 28 (2): 166 – 187.

Esther Velázquez, "An input – output Model of Water Consumption: Analysing Intersectoral Water Relationships in Andalusia", Ecological Economics, 2006, 56 (2): 226 – 240.

E. M. Tauber. , "Brand leverage: Strategy for growth in a cost - control world", Journal of Advertising Research, 1988, 28 (4): 26 - 30.

Farooq U. , Hardy J. L. , Gao L. et al. , "Economic Impact/ Forecast Model of Intelligent Transportation Systems in Michigan: An Input Output Analysis", IVHS Journal, 2008, 12 (2): 86 - 95.

Fournier, S. , "A Consumer - brand Relationship Framework for Strategic Brand Management", University of Florida, 1994.

Gardner B. B , Levy S. J. , "The Product and the Brand", Harvard Business Review, 1955, 33 (2): 33 - 39.

Gelb B. D. , Gregory J. R. , "Brand Value: Does It Belong on the Balance Sheet?", Journal of Business Strategy, 2011, 32 (3): 13 - 18.

Graciola A. P. , De Toni D. , Milan G. S. & Eberle L. , "Mediated - Moderated Effects: High and Low Store Image, Brand Awareness, Perceived Value from Mini and Supermarkets Retail Stores", Journal of Retailing and Consumer Services, 2020 (55): 102 - 117.

Grant J. , "Green Marketing", Strantegic Direction, 2008, 24 (6): 25 - 27.

Hartmann P. , "Apaolaza Vanessa, ForcadaSainz F. J. , Green Branding Effects on Attitude: Functional Versus Emotional Positioning Strategies", Marketing Intelligence & Planning, 2005, 23 (1): 9 - 29.

Hoeffler S. , Keller K. L. , "Building Brand Equity Through Corporate Societal Marketing", Journal of Public Policy & Marketing, 2002, 21 (1): 78 - 89.

Hoyer W. D. , Brown S. P. , "Effects of Brand Awareness on Choice for a Common, Repeat - Purchase Product", Journal of Consumer Research, 1990, 17 (2): 141 - 148.

Jara M. , "Retail Brand Equity: Measurements through Brand Policy and Store Formats", American Journal of Industrial and Business Management, 2018, 8 (3): 579 - 596.

Kassarjian, H. H. , "Incorporating Ecology into Marketing Strategy: The Case of Air Pollution", Journal of Marketing, 1971 (35): 61 - 65.

Keller K. L. , "Conceptualizing, Measuring, and Managing Customer - Based Brand Equity", Journal of Marketing, 1993 (57): 1 - 22.

Keller K. L. , "Strategic Brand Management: Building, Measuring, and Managing Brand Equity", Journal of Consumer Marketing, 2008, 17 (3): 263 - 272.

Khandelwal U. , Kulshreshtha K. , Tripathi V. , "Importance of Consumer - based Green Brand Equity: Empirical Evidence", Paradigm, 2019, 23 (1): 83 - 97.

Kinnear, T. C. , Taylor, J. R. and Ahmed, S. A. , "Ecologically concerned consumers: who are they?", Journal of Marketing, 1974, 38 (2): 46 - 57.

Kirk C. P. , Ray I. , Wilson B. , "The impact of brandvalue on firm valuation: the moderating influence of firm type", Journal of Brand Management, 2013, 20 (6): 488 - 500.

Kumar R. S. , Dash S. , Malhotra N. K. , "The impact of marketing activities on service brand equity", European Journal of Marketing, 2018, 52 (3 - 4): 596 - 618.

Levy S. J. , "Symbols for Sale", Harvard Business Review, 1959, 37 (7): 117 - 119.

Ma del Mar García de los Salmones, "Angel Herrero Crespo and Ignacio Rodríguez del Bosque, Influence of Corporate Social Responsibility on Loyalty and Valuation of Services", Journal of Business Ethics,

2005, 61 (4): 369 - 385.

Narteh, Bedman, " Brand Equity and Financial Performance", Marketing Intelligence & Planning, 2018: MIP - 05 - 2017 - 0098.

Ng P. , Butt M. , Khong K. et al. , "Antecedents of Green Brand Equity: An Integrated Approach", Journal of Business Ethics, 2014, 121 (2): 203 - 215.

Park H. , Kim Y. K. , "The Role of Social Network Websites in the Consumer - brand Relationship", Journal of Retailing & Consumer Services, 2014, 21 (4): 460 - 467.

Philip Kotler, "The Major Tasks of Marketing Management", Journal of Marketing, 1973 (8): 42 - 49.

Sweeney J. C. , Soutar G. N. , Johnson L. W. , "The Role of Perceived Risk in the Quality - Value Relationship: A Study in a Retail Environment", Journal of Retailing, 1999, 75 (1): 77 - 105.

Weilbacher, W. M. Brand Marketing . Illinois, IL: NTC Business Books, 1995.

Welsch H. , Kühling, Jan, "Green Status Seeking and Endogenous Reference Standards", Environmental Economics and Policy Studies, 2016, 18 (4): 625 - 643.

Wilkie , William L. , "Consumer Behavior", 2nd Ed. John Willey & Sons, Inc. , 1992.

Yoo B. , Donthu N. , "Developing and Validating a Multidimensional Consumer - based Brand Equity Scale", Journal of Business Research, 2001, 52 (1): 1 - 14.

后　记

本书是由贵州财经大学与商务部国际贸易经济合作研究院联合基金项目“滇黔桂地区山地绿色农产品品牌塑造与反贫困研究”2015SWBZD20号和贵州财经大学学术专著资助专项基金共同资助的成果。在此项目的资助下，课题组成员在滇黔桂地区开展了实地调研，并得到了农户、企业和相关消费者的支持与配合，在此对他们表示衷心的感谢！

本书的顺利完成，是课题组成员通力合作的结果。在有关问题的研究过程中，徐大佑教授和钟帅副教授从研究方案的设计、现场调研方案、研究报告论证到书稿的修改完善，都投入了大量的时间和精力。此外，贵州财经大学余升翔教授对课题研究报告提出了富有建设性的宝贵修改意见，童甜甜、杨红艳、姜雪、许浩然、李晓建、王鹤翔和王岩等研究生同学在资料搜集、文献整理、书稿成型与校对等方面开展了辛勤的工作。中国社会科学出版社编校老师在本书出版过程中给予了大力的支持和热情的帮助。对以上人员致以诚挚的谢意！

最后，本书在撰写过程中参考了大量国内外相关研究成果，并尽量详尽地在正文和参考文献里列出，但仍然存在疏漏，恳请有关专家学者予以谅解。对于本书可能存在的不足之处，敬请批评指正！